汉竹主编●亲亲乐读系列

成功备孕
营养食谱

王凌/编著

汉竹图书微博
http://weibo.com/hanzhutushu

江苏凤凰科学技术出版社
全国百佳图书出版单位

自序

　　对女人来说，"妈妈"的称呼是一辈子的幸福；对男人来说，"爸爸"的称呼是一辈子的骄傲。

　　每次收到门诊不孕不育患者发来的宝宝照片，心里总是暖暖的，看到宝贝们的笑脸，也会感恩这份工作，让欣喜时时相伴，即使再累，也感到幸福。

　　感谢每一位有缘相见的患者们，你们永远是医生们的良师益友，拥有健康可爱的宝贝，是我们一起奋斗的目标。成功了，我们一起欢笑，失败了，也感谢你们的理解与谅解，"医学是不完美的"。

　　有计划的备孕不仅为了优生，更为了母婴健康。成功怀孕关键的因素是饮食、锻炼与情绪的管理，这是成功迎来宝宝的必要条件。但备孕不同于孕期保健，整个孕期，孕妈妈都会有专业的医生提供各种建议与帮助，而备孕一直没有专门的机构给予年轻的夫妻正确的指导，特别是备孕夫妻的饮食调理方面。

　　市面上也没有一本专门以食谱为主的备孕书，所以决定出版这本《成功备孕营养食谱》，为备孕夫妻量身定制好"孕"食谱，那些你不知道的、想知道的、应该知道的备孕饮食知识在这本书里都可以找到。

　　愿所有正在备孕的朋友都能在这本书的帮助下获得"好孕"。

王涤

二〇一七年九月

目录

Part 1　成功备孕，一线医生有话说

补对营养素提高受孕力

锌

叶酸

卵磷脂

维生素C

DHA

硒

维生素E

B族维生素

碘

铁

镁

Part 3 肥肥的卵子，妈妈给宝宝的礼物

Part 4 强壮的精子，爸爸给宝宝的见面礼

Part 5 夫妻备孕餐单，让精子和卵子更好会合

Part 1

成功备孕, 一线医生有话说

☆提前3个月开始补充叶酸能有效预防新生儿神经管畸形和其他出生缺陷

☆35岁以上的备孕女性需要重点补充叶酸

门诊案例1

琳琳来我们门诊做孕前检查时，我告诉了她许多注意事项，她听了都没有异议，唯独对"提前3个月服用叶酸片"表示反对。她说她以前也服用过叶酸片，但是那个月的"大姨妈"就来迟了，害得她连排卵期都算错了。那么，补叶酸真的会让"大姨妈"迟来吗？备孕期到底该怎么补叶酸？

1.补叶酸会影响月经规律？

叶酸要补，但不可过量

叶酸是代谢方面的物质，不是激素，不会改变月经规律。琳琳可能因为别的原因，比如紧张焦虑，老想着要怀孕，或者碰巧工作压力大，内分泌失调等，影响到月经的规律，导致月经延迟。但是她只注意到这个月服用了叶酸片，却忽视了其他可能会影响月经规律的因素。

怀孕最初的8周，是胎宝宝重要器官快速发育阶段，当孕妈妈意识到已经怀孕时，可能已经错过了小生命发育的最重要时期。因此，应至少提前3个月开始补充叶酸。但补叶酸的量要适宜，孕前每天摄入叶酸400微克（市面上有专门适合备孕女性服用的叶酸增补剂，一般为1片的量）即可。

和老婆一起备孕

即使是一个健康男性，4%的精子也存在染色体异常，而男性补充叶酸能降低染色体异常的精子所占比例。

从食物中获得的叶酸并不多

叶酸是一种水溶性B族维生素，具有不稳定性，遇光、遇热都易失去活性，所以虽然含叶酸的食物很多，但人体真正能从食物中获得的叶酸并不多。如：蔬菜贮藏2~3天后叶酸损失50%~70%；煲汤等烹饪方法会使食物中的叶酸损失50%~95%；盐水浸泡过的蔬菜，叶酸也会损失很大。因此，要改变一些烹制习惯，尽可能减少叶酸流失。

相对蔬菜而言，水果中叶酸的损耗相对较少，比如猕猴桃、柑橘、香蕉等，都是补充叶酸的好选择。富含叶酸的食物还有芦荟、西蓝花、动物肝脏、蛋黄、胡萝卜、牛奶等。

叶酸与维生素补充剂不可以同时服用

许多女性备孕或者怀孕之后，担心维生素摄入不够，会选择服用维生素补充剂。实验证明，叶酸在酸性环境中极易被破坏，在碱性和中性环境中比较稳定，而维生素C及维生素B_2、维生素B_6要在酸性环境中才比较稳定。所以，在吃含叶酸的食物或叶酸补充剂时，尽量不要服用维生素C或维生素B_2、维生素B_6补充剂，因为二者的稳定环境相抵触，吸收率会受到影响，服用间隔时间最好保持半小时以上。

☆糖耐量异常及胰岛素抵抗是不孕或流产的原因之一
☆多囊卵巢综合征、糖尿病、高血压、肥胖患者备孕要及早检测糖耐量

2.不孕原因不明，测测"糖耐量"

糖耐量异常、胰岛素抵抗可致不孕

第一，糖耐量异常及胰岛素抵抗会严重影响卵母细胞质量，引起卵子受精率下降。质量不佳的卵子受精后，胚胎质量会受到影响，可能导致流产。

第二，糖耐量异常及胰岛素抵抗会引起子宫内膜增生异常和功能缺陷，影响子宫内膜容受性，导致胚胎难以着床。

第三，胰岛素抵抗和高胰岛素血症会引起肥胖，肥胖反过来又会促进胰岛素抵抗，而肥胖是不孕和自然流产的危险因素之一。

第四，高胰岛素血症与高雄激素之间还存在微妙的关系：高胰岛素可导致高雄激素，从而引起不孕或流产。

门诊案例2

张女士与胡先生结婚8年，头3年一直不孕，反复做了好几次检查，都没有找到原因。后来，她们求助试管婴儿技术，但3次均以失败告终。长期以来，为了要个孩子，夫妻双方互相指责，生活痛苦不堪，婚姻也濒临崩溃。

辗转就医后，张女士接受了一系列针对生殖内分泌-代谢-免疫的检查，结果表明她存在糖耐量异常、胰岛素抵抗。

和老婆一起备孕

即使长时间怀不上也不要焦虑，和老婆按照程序做好孕前检查，配合医生治疗，放松心情更容易怀孕。

4

哪些人易发生糖耐量异常

对于糖耐量异常及胰岛素抵抗，目前国内外的研究大都集中在多囊卵巢综合征患者中，这一人群糖耐量异常及胰岛素抵抗发生率较高。

但是，有些非多囊卵巢综合征患者也存在糖耐量异常及胰岛素抵抗，从而严重影响生育功能，比如有糖尿病、高血压等代谢病家族史的人群，肥胖或存在不良饮食习惯的人群等。

如有以上情况，应进行葡萄糖耐量及胰岛素释放试验等，以明确有无糖耐量异常及胰岛素抵抗，以便及早进行干预。

改变生活方式，增加"好孕"机会

糖耐量异常及胰岛素抵抗的患者，该怎样才能有一个健康可爱的宝宝呢？

首先，要控制体重，改变不良的饮食和生活习惯（具体案例和备孕指导可见本书第9页）。

此外，可在医生指导下服用胰岛素增敏剂，如二甲双胍等，以改善胰岛素抵抗和高雄激素状态，从而改善卵巢局部生殖内分泌–代谢–免疫环境，提高卵子质量，改善子宫内膜容受性，有利于胚胎着床和继续发育。

☆有时候越是在意纠结，越是怀不上
☆不要随意吃任何药，包括中药
☆保持心情愉快

3.看帖子找偏方，不如信医生

门诊案例3

林女士35岁，结婚4年。这两年，她和丈夫夫妻生活正常，没采取任何避孕措施，可连怀孕的迹象都没有。眼看着年龄大了还没孩子，林女士暗暗心急。

就这样，从起先下班后把时间全部花在上网浏览备孕帖子上，到后来完全辞职一心备孕，林女士每天的必修课就是上网看帖子，和备孕姐妹们交流，看到一些有助于怀孕的偏方、生男生女的方法等就盲目尝试，但林女士始终未能怀孕。

医生的话 ➕

林女士的情况是典型的求子心切，各种土方法都用上了，但仍是没有如愿怀上宝宝。其实，备孕应该讲究科学，无需过多人为干预，有时候越是在意纠结，越是怀不上。不如放松心情，或许会收获一个可爱的宝宝。

像林女士这样的备孕女性，建议和丈夫一起先去正规医院进行相关检查，诊断一下是否存在不孕症或不育症。在排除疾病导致的不孕不育情况下，不需要吃任何药，包括中医补药。中医学的确是中华文化的瑰宝，但古语云"是药三分毒"，而且中药一般都是由多味药结合，成分相对复杂，既有对症的药效，也有一些不明确的副作用，有时不但没达到效果，反而会有副作用，很多女性吃了所谓的补药、促孕药后月经失调，更加不易受孕。

和老婆一起备孕

任由老婆折腾的你已经筋疲力尽了，但她的心里也不好受，试着和老婆沟通，让她知道备孕是件顺其自然的事。

门诊案例4

李女士今年22岁，有1次宫外孕史。她平时喜欢上网，有什么问题总是先"百度"一下，也从网上了解过很多关于宫外孕的信息，如：宫外孕后不易怀孕，再次发生宫外孕的可能性很大，2次宫外孕后怀孕的机会渺茫……看到这些，李女士想想自身情况，就开始紧张担心起来，总是担心再次发生宫外孕。

医生的话

受精卵在子宫体腔以外着床称为异位妊娠，也称宫外孕。其中，输卵管妊娠最常见，占90%~95%，病因大致有以下几点。① 输卵管异常：指患有慢性输卵管炎、做过输卵管手术、输卵管发育不良等，阑尾炎、盆腔结核、腹膜炎及子宫内膜异位症等，可致输卵管周围粘连、扭曲、宫腔狭窄，易致宫外孕地发生。② 受精卵游走：卵子在一侧输卵管受精，经宫腔进入对侧输卵管后种植，或游走于腹腔被对侧输卵管捡拾。③ 避孕失败。④ 内分泌异常、精神紧张也会导致输卵管蠕动异常或痉挛而发生输卵管妊娠。

针对李女士的情况，首先她应至正规医院接受检查，排除上述可能。若存在高危因素需及早治疗；若无高危因素，应保持心情愉快，补充营养，安心备孕。

4.备孕3个月还没怀上，就是不孕不育？

门诊案例5

以前门诊来过一个女孩子，已经备孕3个月了，检查也没什么问题，不知道为什么总怀不上。她特别焦虑，天天测体温，老是担心自己有什么问题，而且每次一到排卵期，不管她老公在干嘛，都要叫他回家。后来我建议她暂时别想着怀孕，出去旅行，看看别处的风景。旅行回来她特别放松，不久就怀上了。

不要轻易给自己贴不孕标签

不孕症的诊断在时间上是有明确规定的：夫妻未采取避孕措施，规律地进行性生活，如果1年内未孕，才会被诊断为不孕症。但是不少备孕夫妻尝试两三个月没有怀上宝宝，就急匆匆地去医院看不孕不育专家，这种不淡定的负面情绪也会影响正常受孕。

对于一直纠结怀不上的备孕夫妻来说，要适当转移注意力，不要老想着怀孕这件事。下班后去游个泳，散散步，也可以找个时间出去旅游，使自己的身心得到放松，这个时候身体就会处于极自然的放松状态，"好孕"就来了。需要注意的是，K歌、蹦迪、饮酒、抽烟并不是好的放松方式，尤其不适合备孕夫妻。

和老婆一起备孕

在呵护老婆的同时，不要让自己的情绪失控，这样不但会将坏情绪传染给老婆，还会影响精子质量。

☆具有不良饮食习惯的不孕患者，应进行葡萄糖耐量检查及胰岛素释放试验

☆孕前6个月，每天坚持锻炼1个小时

门诊案例6

张女士35岁了，身高158厘米，体重却有67.5千克。和胡先生结婚8年，头3年一直不孕，在医院就诊，试管婴儿反复3次均以失败告终——1次生化妊娠，2次胎停流产。反复做了好几次检查，但都没找到原因。

辗转就医后，张女士接受了一系列针对生殖内分泌-代谢-免疫的检查，结果表明她糖耐量异常，胰岛素抵抗。

5.不良饮食习惯也会引发不孕不育

备孕，从健康生活方式入手

现在的生活水平、饮食环境明显改善，人们吃西餐、以车代步，马路上走过的漂亮女孩个个红光满面，精神焕发，但是不孕症的发生率却直线上升。说到底，惹祸的原因是"好吃懒做"。

很多人都有张女士的情况——不吃早饭，经常吃自助餐，喜欢喝饮料代替喝水，为了减肥晚上吃大量水果代餐。这往往会导致糖耐量异常及胰岛素抵抗，因此，改变不良的饮食习惯很重要。每天按时吃饭，不再喝含糖饮料，食物以粗粮、高蛋白低脂肪为主，少食多餐，每天坚持有氧锻炼1小时以上。这样做，能显著提高糖耐量异常及胰岛素抵抗患者的怀孕成功率，降低流产率。

和老婆一起备孕

是否习惯了无肉不欢戒不了可乐烧烤、泡面？如果你想老婆成功受孕，在饮食方面，对自己也应当给予足够重视。

☆排卵日的前5天和后4天，连同排卵日在内的10天为排卵期，是受孕的好时机

☆排卵试纸呈强阳性时同房1次，隔天再同房1次，有助提高受孕率

6. 排卵期多同房就能怀孕吗？

门诊案例7

小薇来门诊的时候，表情十分困惑，她说自己基础体温也测了，基础体温表也画了，还用排卵试纸监测排卵，排卵期算得特别准，她和老公也检查过，一点问题都没有，但备孕1年多就是怀不上。我给她安排了检查，的确没发现什么问题。那为什么怀不上呢？我想了想，又问她怎么在排卵期同房的。她略有点尴尬地说，天天同房。我找到了她怀不上的原因。

医生的话 ➕

我们都知道给游泳池换水，一般都是这头放进来，那头放出去，但如果放出去的频率高于放进来的话，游泳池的水很快就会枯竭。排卵期天天同房也是这个道理，排出去的精子远远多于新生成的精子，在这种状况下，精子数量和质量根本达不到能怀孕的要求。小薇两口子就是这个原因导致怀不上。

其实小薇想要怀上很简单，因为她之前做的准备工作已经很充足了。我建议她在排卵试纸强阳性（2条杠非常明显）时，就同房1次，然后排卵试纸由强转弱的时候再同房1次，这样怀上的可能性会大大增加。更简单的方法就是，排卵试纸出现强阳性时同房1次，隔1天再同房1次。

和老婆一起备孕

如果你的老婆是"体温控""试纸控"，不妨适当转移她的注意力，身心放松更有助于受孕。

☆长时间禁欲会导致精子老化，不易受孕，即使受孕了，也容易造成胎宝宝智力低下、畸形或流产

☆和谐的性生活更能促进受孕

门诊案例8

　　萱萱的老公因为工作原因，常驻国外，在家的时间很少，所以结婚七八年都没怀上。有一天她说老公快要回国了，这次一定要争取怀上。但是如果她老公长时间没有性生活，也没有人工排精的话，体内的精子就会老化，失去活力。所以我建议萱萱不要着急怀孕，先要改善她老公的精子质量。

7.非排卵期需要禁欲吗？

医生的话 ✚

　　有些人认为，不在排卵期就不同房，要让老公养好精神，为排卵期怀孕做准备。这个观点是不对的。性生活频率过低，精子贮藏时间过长，会出现部分老化或失去竞游的活力。女性每月仅排卵1次，卵子的受精活力只能保持十几个小时的高峰时间，低频率的性生活很容易错过这个宝贵而短暂的受孕机会。

　　从精神角度来讲，性生活也是调控夫妻关系的一个非常重要的方式。我们常说"床头吵架床尾和"，说的就是性生活对夫妻感情的影响。所以，每周1~3次性生活，对年轻夫妻而言，既能和谐夫妻关系，又能养精蓄锐，为排卵期怀孕做好准备。

和老婆一起备孕

性生活频率过低或过高，都会影响精子的质量。正常的性生活应为每周1~3次，在双方心情愉悦的情况下进行。

☆年龄≥35岁，并经过6个月的努力还未成功怀孕，建议及时就医

☆年龄≥45岁，直接就医，必要时采取辅助生殖技术

☆高龄备孕女性至少提前3个月进行孕前检查及准备

门诊案例9

一位女高层向我咨询："王医生，我今年42岁，30岁出头生过一个，最近几年一直想再要一个。"她尝试备孕一两年了，其间有过一次生化妊娠（发现怀孕后很快月经来潮，类似于月经推迟了几天），还有一次胎停（出现胎心搏动后一段时间又停止搏动）。她尚未到绝经期，卵巢还有排卵，怀孕的希望肯定是有的，但40岁出头和20多岁女性的卵巢功能是不可相提并论。

和老婆一起备孕

高龄女性的家庭往往有位大于等于其年龄的备孕男性，如果你是其中一员，精液常规检查很有必要且很重要。

8.高龄备孕女性的二孩"闯关"

年龄越大，妊娠、分娩的风险越高

首先，35岁以上女性，盆腔已经基本固定，关节韧带逐渐变硬，不易扩张，子宫收缩力和阴道伸张力也较差，这些均会导致分娩时间延长、难产机会增加，甚至产后出血。高龄产妇进行剖宫产、钳产等助产的比例比非高龄产妇高20%以上。

其次，高龄孕妈妈还容易发生高血压、糖尿病等并发症。尤其是妊娠高血压，会造成孕妈妈出现肝脏肿大、眼底出血、肝功能异常等，严重时会导致子痫发作，危及孕妈妈生命。

此外，妊娠并发症对胎儿的生长发育也非常不利，有可能会导致胎儿宫内生长发育迟缓、胎儿畸形，死胎、死产的发生及围产儿死亡率也会增加。

基于上述因素，从优生优育以及健康安全的角度，高龄孕妈妈生育"二孩"，孕前、产前筛查更重要。

孕前、产前筛查很重要

首先，应在计划怀孕前3个月甚至更早到医院做相关检查、咨询和评估。经评估后可以生育"二孩"的女性，最好在准备怀孕前3个月开始口服叶酸片，每天400微克（约1片的量）。

其次，应努力改善工作环境，调适工作压力，避开所有可能有危害的污染物质，并养成良好的生活习惯：规律地起居作息，缓和情绪反应，注意均衡营养等。

此外，高龄备孕女性成功怀孕后，要定期进行产前检查，密切关注血糖、血压等指标，及时发现妊娠并发症并积极治疗。为排除胎儿畸形及先天愚型，应在孕中期接受产前筛查和诊断，即B超胎儿结构筛查和胎儿染色体检查。

需要做哪些检查

高龄女性备孕前，需要和丈夫进行一系列的常规检查。

·夫妻双方全身体检，评估心、肝、肾、甲状腺功能等。

·妇科检查：六项性激素、优生筛查、妇科彩超（子宫双附件）、白带常规+BV（细菌性阴道炎）、宫颈疾病筛查（TCT+HPV）、宫颈分泌物培养（衣原体、支原体、淋球菌、一般细菌培养）。

·口腔问题很重要，备孕女性孕前应到口腔科就诊，消灭隐匿性口腔疾病，孕前洗1次牙、清洁口腔。

除了以上常规检查，还需要进行以下检查。

·六项性激素联合AMH（抗缪勒氏管激素）评估卵巢储备功能。

·生殖免疫（抗子宫内膜抗体、抗透明带抗体、抗精子抗体）。

·监测排卵（基础体温、排卵试纸、B超检测）。

·子宫输卵管碘油造影。

·有条件的家庭可夫妻双方进行染色体检查。

☆患有糖尿病的女性在孕前和孕期要密切监测血糖浓度

☆备孕时，建议将降糖药换成胰岛素

9.糖尿病控制好就能怀孕

门诊案例10

刘女士今年30岁，患糖尿病有3年了。中间怀孕2次，第1次自然流产，第2次在孕3月时没有胎芽、胎心，做了流产。第2次怀孕的时候打了1个月的胰岛素，终止妊娠后又吃了2个月的二甲双胍，后来停药半年。最近空腹血糖一直在6~7毫摩尔/升。现在的她准备备孕，于是来医院寻求帮助。

医生的话 ➕

在夫妻双方都有糖尿病的情况下，遗传率为5%~10%。但即便患有糖尿病，女性也要有充足的信心，相信自己能生下健康的宝宝。

糖尿病一般在孕早期对孕妈妈及胎宝宝影响较大，所以建议至少在糖尿病得到良好控制的3个月之后再怀孕。同时，最好保持肾脏和血压水平都较好。

目前常用的降糖药可通过胎盘进入胎宝宝体内，对胎宝宝影响较大，所以建议备孕女性选择胰岛素治疗。如果在口服降糖药期间意外怀孕，一定要及时更换药物，并检查胎宝宝是否受影响。

此外，备孕女性要避免摄入过多糖分，含糖量较高的水果更要慎重食用，如香蕉、荔枝、芒果等。并保证摄入充足的维生素、钙和铁。

和老婆一起备孕

作为老公，你需要陪着老婆进行检查，安慰她，适时地点点头或和老婆说一句"别担心"，能够有效缓解她的紧张情绪。

10.高血压患者备孕时要注意什么？

门诊案例11

王女士有高血压家族史，在小学时血压就在80/120毫米汞柱左右，大学毕业后血压基本在90/130毫米汞柱左右。有次上班期间血压突然升高，去医院做了监测，后来住进心血管科进行了全面检查，包括24小时血压监测等，并没查出什么原因，血压有时也正常，就没有一直用药。

因为王女士有过1次生化妊娠，之后血压也一直很高，基本在110/170毫米汞柱左右。准备怀孕的她，这次来到医院寻求备孕指导。

医生的话 ➕

孕前患有高血压的女性怀孕后易患妊娠高血压综合征，且症状严重，多见于高龄妈妈。所以，备孕时就应将血压控制在正常范围内。备孕女性可以告诉医生自己打算怀孕，医生会提供正确的备孕指导，并将药物调整为适合孕妈妈使用的种类。

在血压不是很高的情况下，可以通过低盐饮食、适量运动、调节情绪的方式来控制血压，避免过度劳累、睡眠不足。在备孕期，若血压控制得好，能够停服降压药，自然最好。若必须用药，一定要听医生的建议，选择不良反应小的药物。

在备孕期和怀孕期，要定期测量血压，若情况严重，应及时就医。每周至少测量血压2次。怀孕后更要注意监测血压，一般妊娠高血压综合征出现得越早，危险性越高。

和老婆一起备孕
坚持为老婆测血压，并做好记录，陪她去医院做血压检查，并听取医生的指导，是监测和控制高血压的有效方法。

☆医学上认定血红蛋白低于110克/升（成年非妊娠女性）就属于贫血

☆孕前就贫血的女性，怀孕后贫血会加重

门诊案例12

在门诊中经常有女孩子这样问我："王医生，我有点儿贫血，这对怀孕影响大不大啊？一定要在怀孕前调理好吗？"答案当然是肯定的，怀孕前必须要调理好贫血，因为怀孕以后孕妈妈的血液要供给两个人使用，这时候对血液的需求量就会增大，会加重贫血症状。而且怀孕之后，就是正常的女性也容易出现生理性贫血，所以，孕前一定要把贫血调理好。

和老婆一起备孕

如果你经常听到老婆说头晕，可能是贫血引起的，要提醒她补铁。可在医生指导下服用补铁剂，或通过食物补铁。

11.孕前贫血千万不要急着怀孕

怀孕期贫血害处大

怀孕就像种庄稼，种子、土壤都要好。孕前如果患有贫血（血红蛋白低于110克/升），就好比庄稼的土壤不好，那么对胎宝宝的生长发育肯定有影响。女性妊娠时期，由于要供应胎儿的血液需要，母体的血容量会比正常时增加约35%，其中血浆增加相对比红细胞增加为多，血浆约增加1000毫升，红细胞约增加500毫升，致使血液稀释。

怀孕期贫血会使孕妈妈发生贫血性心脏病、产后出血、产后感染、心力衰竭等。而且胎宝宝也会发生宫内发育迟缓，出现自然流产或早产等。新生儿也有可能会营养不良，或患上一些胎源性疾病，这是会影响到宝宝一辈子的疾病。

在贫血得到治疗、各种指标达到或接近正常值时才可以怀孕，怀孕后还要定期检查，继续防治。

缺铁性贫血首选药补

如果你在检查血常规时，被医生确诊为缺铁性贫血，那么首先应及时在医生的指导下服用补铁的药物，尽快纠正贫血。

等到贫血纠正后，可以继续在医生指导下服用补铁剂维持治疗。我们日常见到的补铁剂种类比较多，有硫酸亚铁、富马酸亚铁、琥珀酸亚铁等，你只需要遵医嘱就可以。切忌私自加大补铁药物的服用剂量。

医生一般还会建议在服用铁剂时，同时服用维生素C，这是为了更好地促进铁吸收。

如果经过一段时间的治疗后，血常规检查正常了，可以进行食补铁。补铁最好的食物来源是瘦肉、动物血液和肝脏，鱼类、海鲜和禽类也有较多的铁。

红枣补血效果并不好

我们平时听到的"红枣能补血"的说法，其实是有问题的。红枣、蛋黄、菠菜、黑木耳等食物虽然含有一定的铁，但是很难被人体吸收。我们临床上有一些平时习惯用吃枣来补铁的贫血患者，她们的血红素铁升得并不理想。我们一般建议她们多吃点排骨、血豆腐等，每周吃1~2次猪肝，这样补铁比单纯吃红枣要好。不能说红枣完全不补血，但红枣的补血效果确实没有动物性补铁食物的效果好。

☆子宫后位的女性同房后可采
取垫高或倒立姿势
☆即使子宫颈再小，只要月经正
常来潮，精子就一定能通过

门诊案例13

小韩夫妻俩来门诊的时候，感觉他们很没精神。请他们坐下后，我开始按例询问。原来小韩以前检查过，说是子宫颈特别狭窄，很担心精子通不过，所以每次同房后都要垫枕头，有时甚至还倒立。而每次倒立都得老公帮忙扶着腿，最后搞得两人都疲惫不堪，甚至都提不起同房的兴趣了。

和老婆一起备孕

只要你充分了解老婆的生理特征，尤其是她子宫的位置，不仅可以从容地享受性爱的过程，还可以提高受孕率。

12.同房时，什么样的姿势有助于受孕

5大易受孕体位

传统体位：男上女下的姿势对受孕最有利。这种姿势使阴茎插入最深，使精子比较接近子宫颈。

骑马体位：可以直接坐在丈夫腰上，也可以用手肘支撑住身体，这种姿势可以让精子最大程度地接近子宫颈。

后位式：妻子采取俯卧位，丈夫从后面深入，这种姿势对子宫倾斜的女性备孕尤其有利。

背后体位：这种姿势既有利于精子接近子宫颈，也有利于精子沉淀在子宫中。

交叉体位：妻子平躺并将双腿张开，丈夫把脚放进妻子大腿内侧，这种姿势容易引起性高潮，有助于精子游到子宫深处。

子宫位置一般分为子宫前位和子宫后位，对于前者，合适的方式是男上女下的姿势。对于子宫后位者，可采用后入式。

☆一个精子和卵子相遇的瞬间，就决定了宝宝的性别，这是无法改变的
☆别相信任何能改变胎宝宝性别的方法

门诊案例14

小张的老公是三代单传，她婆婆常常有意无意地在小张夫妻面前流露出想要个孙子的意思。小张也能理解婆婆的心情，所以常常关注怎样才能生个男孩。最近她听说同房时夫妻双方都有性高潮，就很有可能怀上男孩。可是性高潮这事可遇不可求，刻意去追求，常常会适得其反。

13. 同房时有性高潮，能提高生男孩的概率吗？

性高潮和胎宝宝性别没关系

网上说"同房时有性高潮，生男孩概率大"是完全没有科学依据的，性高潮这个现象主要跟配合有关。对女性而言，很大程度上出于情感，对于男性，可能更偏向于感官。这跟生男孩还是生女孩是完全没有关系的。

生男孩还是生女孩，更多取决于男性，因为女性只提供了一个X染色体，主要是看跟卵子结合的精子。如果精子带的是X染色体，那么就是女孩；如果带的是Y染色体，那就是男孩。一次射精有几亿个精子，至于是哪个精子与卵子结合，这是一个概率的问题。所以，网上传的用碱性液体清洗私处会生男孩，也没有科学依据。

和老婆一起备孕

在生男生女这个问题上，你的老婆承受着比你更大的压力，需要你缓解她的心理压力，顺其自然。

☆狗是弓形虫的中间宿主,它的粪便和排泄物都没有传染性,正常养狗不会感染弓形虫

☆猫的粪便里面可能含有弓形虫,备孕女性尽量不要接触

门诊案例15

婷婷家有一只十分可爱的泰迪,在婚前就已经陪着她了,相伴的时间可以说比她老公还长。现在他们夫妻准备要个宝宝,听说养宠物对胎儿不好,所以只好忍痛把泰迪送走。她来门诊做孕前检查时跟我提到了泰迪,十分伤感,说老想着它。我就告诉她,其实狗狗对宝宝的影响很小,可以接着养的。

和老婆一起备孕

如果家里还养了宠物,请老公主动承担起"铲屎官"的工作。

14.准备怀孕,猫狗是不是不能养了?

有了弓形虫抗体不用送走宠物

一说弓形虫,大家就会很紧张,因为TORCH(是指一组病原体,TO指弓形虫,R指风疹病毒,C指巨细胞病毒,H指单纯疱疹病毒)筛查,也就是我们常说的优生五项检查里有这一项。过去的观念认为,既然它在优生检查里,而且和猫、狗有一定关系,那从备孕期开始就不要养宠物了。在最近几年,观念产生了变化,很多国内外妇产科权威专家都认为,孕期可以不用送走宠物。

现在家养的狗都会定期注射疫苗,还会随时监测,传染这些弓形虫等病毒的可能性微乎其微,所以养狗一般不会影响到怀孕。现在流浪猫特别多,常常翻垃圾桶找食,所以比较脏。但如果是家里养了很多年的猫,一直很干净,常吃熟食,而且和外面的流浪猫没什么接触的话,应该问题不大。

☆做好孕前检查，不只是为了怀得上，更是为了母婴都健康
☆孕前检查可根据自己居住地所在情况选择，不是非得去大医院、名医院

门诊案例16

红房子的妇科门诊，每天都如春运火车站一样人头攒动。我在出诊时，经常会遇到很多胚胎停育、自然流产后的夫妻来就诊。他们来自各地，但眼神中却有相同的疑惑：怀孕前月经也很正常，连痛经都没有，身体这么好，为什么会保不住宝宝？小露夫妻就是其中一对。当我问到有没有做过孕前检查时，他们摇了摇头。我给他们双方都安排了检查，结果显示小露有高雄激素血症。

和老婆一起备孕

无论如何要和老婆一起去做孕前检查。记住，生个健康的宝宝需要夫妻双方共同努力。

15.刚参加完体检还要做孕前检查吗？

普通体检并不能代替孕前检查

体检是以最基本的身体检查为主的，而孕前检查主要是针对生殖系统以及与之相关的免疫系统、遗传病史等的检查。从医学上讲，有很多疾病的症状是不明显的，但在怀孕后可能会影响到宝宝的生长发育。

孕前检查中的生殖系统检查、甲状腺功能检查、遗传疾病检测、染色体检查、TORCH筛查等项目都是普通体检项目中没有的，却对宝宝的孕育有着至关重要的影响。所以，不能因为参加过单位的体检或做过婚检就不进行孕前检查。

在一般情况下，妇产医院、妇幼医院、产科专科医院都可以做孕前检查。备孕夫妻可以根据居住地的具体情况进行选择。做检查前，备孕夫妻应尽量排除紧张情绪，特别是备孕男性，要摆正心态。

16.过敏体质对受孕有影响吗?

门诊案例17

有些备孕女性问我:"王医生,我是过敏体质,这个对怀孕没什么影响吧?"很遗憾,这个还真有影响,特别是患有免疫性不孕症的,真的很难受孕。

过敏体质的人还容易诱发免疫性自然流产,如ABO溶血、磷脂抗体、封闭抗体太过低下等,这些因素导致的流产都是和免疫相关。所以,过敏体质的女性在备孕前要注意避免接触过敏原。

医生的话➕

所谓的过敏体质就是女性体内的免疫系统处于紊乱状态,出现了原本不该出现的抗体,如抗精子抗体。精子一进入女性体内就被抗精子抗体杀伤了,导致怀孕概率降低。还有透明带抗体,透明带是卵子表面的一种结构,女性体内如果存在透明带抗体,一旦跟透明带结合,就会导致卵子受损,受损的卵子受精概率极低,即使受孕也容易流产。

过敏体质的备孕女性,应尽量减少甚至避免接触过敏原。常见的过敏原有花粉、灰尘、动物皮毛、真菌、海产品等,同时室内要通风换气,床单、被褥要经常洗晒。

对于一些有支气管哮喘等需要长期服药的过敏体质女性,在备孕阶段,最好请专业的医生评估药物的安全性,选择对胎儿没有伤害的药物或是减少剂量,并遵医嘱执行,切不可擅自服用、停药或是减少药量,以免影响母婴健康。

和老婆一起备孕

在过敏高发季节,提醒老婆出门戴上口罩,不仅是为她的健康着想,也是为备孕"保驾护航"。

17.妇科小毛病，对怀孕有哪些影响？

门诊案例18

张女士过来咨询时，说自己私处常常瘙痒有异味。现在她想要宝宝，担心自己这些状况会影响到宝宝的健康。其实几乎所有的妇科疾病都可以检查出来，只要做好孕前检查，都能预先知道这些疾病，进而制订治疗方案，一般不会影响到怀孕。

医生的话

对于一些常见的妇科疾病，备孕女性要根据具体病情采取对策。

阴道炎感染的微生物可以是念珠菌、细菌或滴虫，且症状各有不同。真菌性阴道炎在怀孕后可能加重，若宝宝是顺产，部分新生儿可能会出现鹅口疮和红臀。因此，有阴道炎的女性还是在治愈后再怀孕比较好。

子宫颈炎一般不会影响受孕，但是如果炎症较重，会影响子宫颈功能，对怀孕造成影响。因此生活上要讲究性生活卫生，以减少细菌感染的机会，并定期做妇科检查。

子宫肌瘤根据肌瘤生长位置分为黏膜下肌瘤、浆膜下肌瘤、肌壁间肌瘤，需酌情处理。一般浆膜下肌瘤对于受孕的影响比较小。黏膜下肌瘤容易造成不孕和流产。肌壁间肌瘤在3厘米以内一般不影响受孕；如果肌瘤增大，会使宫腔变形，子宫内膜受压，就会影响受精卵的着床和胚胎发育。

和老婆一起备孕

不要因为工作繁忙或太辛苦而忽视了老婆的感受，给予她一定的精神支持，会增加她勇敢面对困难的信心。

18.养护卵巢是受孕的根本

门诊案例19

25岁的小周是名会计,有段时间公司财务出现状况,牵扯到她。因此她特别紧张,3个多月没睡好觉,天天心惊胆战的,后来虽然事情处理好了,但是经历这件事后她的月经再也没来过。去医院查出是卵巢早衰,还是不可逆转的,她只能依靠吃药促使月经来潮。小周想做妈妈这个愿望,可能很难实现。

和老婆一起备孕

多陪伴、多赞美,帮助老婆适应和调整压力,不仅能增进夫妻感情,更能避免压力对她的身体造成不利影响。

医生的话 +

卵巢早衰指女性40岁前由于卵巢内卵泡耗竭,或因医源性损伤而发生的卵巢功能衰竭。以低雌激素及高促性腺激素为特征,表现为继发性闭经,常伴有围绝经期症状。出现卵巢早衰的女性一般都经历过高危因素影响,比如说压力太大、受过重大精神打击等,小周的情况就是个典型的例子。

女性气郁容易导致气血不通,卵巢的健康也会受影响。除了心情要愉悦,学会自我调节情绪,还可通过以下方式养护卵巢。

·多吃富含维生素和植物性雌激素(如豆制品)的食物,这是卵巢的天然保养法。

·保证适量运动、保持充足睡眠。

·戒烟。吸烟对卵巢伤害特别大,严重者甚至会导致更年期提前。

·和谐的性生活能推迟卵巢功能退化。

☆备孕女性要保护子宫，注意保暖，避免子宫受寒，影响受孕

☆在确认已经扫除影响受孕的危险因素后，就可放心大胆地准备怀孕

门诊案例20

门诊来过一个患者，自然流产2次了，我们通过一系列的检查，把可能的危险因素都排除并解决了，然后跟她说可以准备怀孕了。可她却说这个月不能怀孕，必须要等几个月才能怀孕。我们就觉得很纳闷，这是为什么呀？她就跟我们说："前2次怀孕都是在7月份，听说子宫有记忆功能，说明我在7月份怀的就是不好的，我要等夏天过去，秋天来了再怀孕。"

和老婆一起备孕

经历过流产后再备孕的女人很脆弱，有老公在身边，就会更有安全感，请给予她更多的包容和关心。

19.子宫没有记忆能力

医生的话 ➕

有很多人认为子宫有记忆功能，网上也有这种说法，但是这种说法是没有任何科学依据的。胚胎好不好，是受精子质量、卵子质量、子宫内环境、外环境等因素的共同影响，唯独不会是因为子宫记住哪次没怀好。这种说法其实是个备孕误区。

从一定程度上来说，子宫真的是"以德报怨"的典范。它每个月都望穿秋水地等待着受精卵入驻，为受精卵准备肥沃的土壤、适宜的温湿度、到位的私密度。可常常失望而终，于是它会有些小愤怒，会把它精心准备的空间"砸掉"（月经来潮）。但是紧接着它又放弃抱怨，一如既往地准备，直到等来受精卵。如果子宫有记忆功能，它大可在几次等不着之后消极怠工，那怎么选时间也是没办法受孕的。

☆孕妈妈卧床休息不但不会降低流产、早产的危险，反而可能引起心理和身体问题

☆出现先兆流产、前置胎盘、妊娠期高血压、宫颈机能不全等情况需要适当卧床休息

门诊案例21

李女士28岁，做过3次人工流产手术，第4次怀孕不幸自然流产，第5次怀孕便决心在家卧床保胎，后来因公司有非常重要的事，她不得不去上班，结果当天晚上就见红流产。多次流产经历，让李女士对第6次怀孕异常紧张，下定决心在家卧床休息，决不出门，一定要保住这个宝宝。

和老婆一起备孕

温存、体贴、理解、包容，是稳定情绪的良方，也是你帮助老婆远离反复流产带来的痛苦的法宝。

20.卧床保胎能阻止流产吗？

卧床保胎不会降低流产危险

流产是指妊娠不足28周、胎儿体重不足1000克而终止的情况。机械或药物等人为因素终止妊娠为人工流产，自然因素导致的为自然流产，连续自然流产3次或3次以上者为习惯性流产。自然流产原因复杂，可分为以下几大类。

胚胎因素。胚胎染色体异常是流产的主要原因，主要分为染色体结构异常和数目异常。

母体因素。母体全身性疾病、内分泌异常、免疫功能异常、子宫异常、创伤刺激、不良习惯等，均可导致流产。

环境因素。与砷、铅、甲醛、苯、氯丁二烯、氧化乙烯等化学物质接触过多，可导致流产。

某些特殊情况下，卧床休息有一定好处，但过久的卧床休息也会带来很多并发症。研究显示：孕妈妈卧床休息不但不会降低流产的危险，反而可能引起静脉血栓栓塞、骨质脱钙、心血管功能失调及抑郁、烦躁不安等心理问题，甚至会引起内分泌与免疫系统的改变。

特殊情况才需卧床保胎

适当卧床休息可减轻子宫敏感性和子宫肌张力，降低宫缩频率；左侧卧位可减轻增大的子宫对腹主动脉、下腔静脉的压力，使回心血量增多，减轻水肿，不仅可让心、肾、脑等重要脏器得到更多的血液灌注，而且能改善胎盘血液供给，给宝宝输送更多的营养和氧气。

卧床休息固然是保胎的一种方法，但更重要的还是要找出自然流产的原因。像李女士的案例，现实生活中有很多，只有找出流产的原因才能防止下一次流产的发生，一味卧床其实并不可取。是否需要卧床保胎，应看情况。

一般来说，出现以下情况需要适当卧床休息：先兆流产、先兆早产、前置胎盘、妊娠期高血压、宫颈机能不全等。

孕期适当运动好处多

如果没有上述情况，孕期进行适当合理的运动更有利于母胎健康，如：缓解身体疲劳，调节心理和情绪，加强心肺功能，促进身体对氧气的吸收，对孕妈妈及胎宝宝都有直接益处；加强血液循环，增强肌肉力量，消除腰背酸痛，增加身体耐力，为分娩做准备；调节血压、血糖，控制体重过度增加，平稳度过孕期。

但孕期运动强度不宜过大，运动时间不宜过长，每次15~30分钟为宜，运动方式应以步行、孕妇操、游泳等简单安全的低冲击性有氧运动为主，要避免过分跳跃、弹跳或大幅度动作的运动。出现高血压、早期羊水破裂、先兆流产、头晕、心悸、胸痛等症状时要停止运动，及时就医。

Part 2

补对营养素
提高受孕力

叶酸：预防胎儿神经管畸形

目前已经证实，孕早期叶酸缺乏是胎儿神经管畸形发生的主要原因，会影响胎儿大脑和神经系统的正常发育，严重时会造成无脑儿和脊柱裂等先天畸形，也可因胎盘发育不良而造成流产、早产等。因此，在备孕和孕早期及时补充叶酸很关键。

每日需求量

最好在怀孕前3个月开始补充叶酸，按照每日400微克的摄取量一直补充到怀孕后第3个月。另外，在整个孕期都要注意在饮食中摄入富含叶酸的食物。

获取渠道

在备孕期和孕早期的3个月里，我们会建议女性每天服用1片400微克的叶酸片（最好在早餐半小时后服用）。

天然叶酸广泛存在于动植物性食物中，如动物肝肾、豆制品、蛋类、鱼、绿叶蔬菜（如莴笋、芦笋、菠菜等）、新鲜水果、坚果以及全麦制品等，都含有一定的叶酸。以下是一些叶酸含量比较丰富的食物。

食物	每100克可食部分含叶酸量
猪肝	236.4微克
黄豆	381.2微克
腐竹	147.6微克
菠菜	347.0微克
红苋菜	330.6微克
番茄	132.1微克
油菜	148.7微克
花生	104.9微克
核桃	102.6微克

食补叶酸小窍门

天然叶酸极不稳定、流失严重，因此，通过食物补充叶酸时，一定要讲究技巧。新鲜蔬菜要及时烹制，避免久放；清洗蔬菜时，最好洗好后再切，避免切后清洗；烹制蔬菜时尽量大火快炒，避免久煮。

菠菜核桃仁

原料: 核桃仁150克，菠菜250克，枸杞子、盐、白糖、醋、香油、芝麻酱各适量。

做法: ① 菠菜洗净，用淡盐水浸泡片刻，入沸水焯熟；枸杞子洗净；核桃仁用淡盐水浸泡一下，去内皮。② 将菠菜、枸杞子、核桃仁放入盘中，放入所有调料拌匀即可。

菠菜和核桃仁的叶酸含量都很丰富，二者搭配，补叶酸效果更好。

铁：足量铁防流产

贫血会影响生育，而缺铁是贫血最常见的原因之一。如果你患有贫血，那么你的身体实际上在和各个方面"作战"，就很难怀孕。由缺铁引发的缺铁性贫血，会影响女性身体免疫力，自觉头晕乏力、心慌气短，并干扰胚胎的正常分化、发育和器官的形成。

⏰ 每日需求量

备孕和怀孕期间，女性对铁的需求增加：推荐备孕期每天摄入铁20毫克，孕早期每天补充15~20毫克，孕晚期每天摄入量为30~35毫克。

➡ 获取渠道

食物中的铁分为血红素铁和非血红素铁。血红素铁主要存在于动物血液、肝脏等组织中。植物性食品中的铁均为非血红素铁，主要存在于粮食、蔬菜、坚果等食物中，特别是葡萄干、菠菜、小麦或麦芽等。

食物	每100克可食部分含铁量
黑木耳	98毫克
芝麻酱	58毫克
猪肝	25毫克
黄豆	11毫克
鸡蛋黄	7毫克

① 建议补充方案

在补铁的同时还要注意维生素C的摄入，这样有利于铁的吸收。牛奶中的磷、钙会与体内的铁结合成不溶性的含铁化合物，影响铁的吸收，因此服用补铁剂不宜同时喝牛奶。药物补铁应在医生指导下进行，过量的铁将影响锌的吸收利用。

🍲 鱼香肝片

原料：猪肝150克，青椒1个，盐、葱花、白糖、醋、料酒、淀粉、植物油各适量。

做法：①青椒洗净切片；猪肝洗净切片，用料酒、盐、淀粉浸泡；将白糖、醋及剩余的淀粉调成芡汁。②油锅中放入葱花爆香，加入浸好的猪肝炒几下，再放入青椒，炒熟后倒入芡汁即可。

猪肝中铁含量丰富，与富含维生素C的青椒搭配，可促进铁的吸收。

B族维生素：影响性激素的产生和平衡

B族维生素对生育很重要，尤其是维生素B_6、维生素B_{12}和叶酸（关于叶酸对备孕和怀孕女性的重要性，已经在前文中提及）。B族维生素溶于水，很多会通过排尿而流失，严重缺乏时会影响释放雌激素的下丘脑。

维生素B_1（硫胺素）

维生素B_1的缺乏会引发不排卵或者卵子不着床。维生素B_1又被称为"精神性的维生素"，它不但对神经组织和精神状态有重要的影响，还参与糖的代谢，对维持胃肠道的正常蠕动、消化腺的分泌、心脏及肌肉等功能的正常运转起重要作用。

⚠ 缺乏警示

维生素B_1缺少时，神经组织中的碳水化合物代谢首先受到阻碍，从而引起多发性神经炎和脚气病，轻则食欲差、乏力、膝反射消失；重则出现抽筋、昏迷、心力衰竭等症状。

➡ 获取渠道

粮谷类、豆类、干果、坚果类等都含有丰富的维生素B_1，尤其在谷类的表皮部分含量更高，所以平时除了吃米饭之外，备孕女性要适当吃一些粗粮。

在动物内脏如猪肾、猪心、猪肝，蛋类如鸡蛋、鸭蛋，绿叶菜如芹菜叶、莴笋叶中，维生素B_1的含量也较高，此外在蜂蜜、土豆中也含有维生素B_1。

维生素B_1在酸性或者酸性加热环境中稳定，而在紫外线或者高温碱性溶液中非常容易被破坏，所以熬粥时不要放碱，以利于维生素B_1的吸收。

🍲 绿豆薏米粥

原料： 绿豆、薏米、大米各30克。

做法： ①薏米、绿豆洗净，用清水浸泡；大米洗净。②将绿豆、薏米、大米放入锅中，加适量清水，煮至豆烂米熟即可。

绿豆、薏米等杂粮中B族维生素含量丰富，此粥还富含膳食纤维，可减轻胃肠负担，增强体质。

维生素B₂（核黄素）

肝脏利用维生素B₂清除旧的激素，包括雌激素和黄体酮。如果这些旧的激素堆积下来，下丘脑和垂体产生激素的信号会被抑制，激素水平就会降低。维生素B₂还参与机体内三大产能营养素（蛋白质、脂肪、碳水化合物）的代谢过程，能将食物中的添加物转化为无害的物质，强化肝功能，调节肾上腺素的分泌。

⚠ 缺乏警示

缺乏维生素B₂会造成碳水化合物、脂肪、蛋白质、核酸的能量代谢无法正常进行，会引发口角炎、唇炎、眼部疾病、皮肤炎症等。

➡ 获取渠道

动物性食物中维生素B₂含量较高，尤其是动物肝脏，奶、奶酪、蛋黄、鱼类罐头等食品中的含量也不少，小麦胚芽粉也含有维生素B₂。

光照和碱性环境、水煮方式都会破坏食物中的维生素B₂。在保存和食用的时候要避免以上环境。此外，磺胺药剂、雌激素、酒精也不利于维生素B₂的稳定吸收。

🍴 奶酪鸡翅

原料: 鸡翅4个，黄油、奶酪各50克，盐适量。

做法: ①将鸡翅清洗干净，并将鸡翅从中间划开，撒上盐腌制1小时。②将黄油放入锅中熔化，待油温升高后将鸡翅放入锅中。③用小火将鸡翅彻底煎熟透，然后将奶酪擦成碎末，均匀撒在鸡翅上。

奶酪中含有一定量的维生素B₂，与含有优质蛋白的鸡翅同食，营养互补，偏胖的备孕夫妻不要多吃哦。

维生素B₆（吡哆醛）

维生素B₆和锌对于形成雌激素，以及维持雌激素和黄体酮的正常活动有着重要作用。维生素B₆缺乏会引起卵巢停止分泌黄体酮，导致雌激素过剩。有实验显示，如果怀孕困难的女性服用维生素B₆，她们的生育能力在6个月内会改善。

⚠ 缺乏警示

维生素B₆是人体代谢的必需物质，参与所有的氨基酸代谢，所以它的需求量与蛋白质摄入多少有密切关系，高蛋白质摄入饮食习惯的人，如经常食用大鱼大肉，需要及时补充维生素B₆。

维生素B₆还是维持雌激素代谢的重要物质，而女性缺乏维生素B₆容易导致妇科疾病的发生。

➜ 获取渠道

维生素B₆广泛存在于自然界中，但在动植物性食物中含量不高。酵母菌中维生素B₆含量最高，白米或米糠中含量为次，最后为深海鱼类、动物肝脏、牛肉、花生、蛋类、豆类及其制品、蔬菜等食物。

🍳 牛油果三明治

原料：全麦吐司2片，奶酪1片，牛油果1个，柠檬汁、橄榄油、植物油各适量。

做法：①牛油果去皮，对半切开，去核，切丁，与柠檬汁、橄榄油搅拌成泥状，制成牛油果酱。②将牛油果酱与奶酪片夹在两片全麦吐司间。③放入油锅慢火煎烤，至全麦吐司两面呈金黄色。

全麦吐司富含维生素B₆，作早餐搭配同样富含维生素B₆的豆浆，补充效果更好。

维生素B$_{12}$（钴胺素）

维生素B$_{12}$和叶酸是合成DNA和RNA的必需营养素，而足量的维生素B$_{12}$能够使叶酸被充分地吸收。维生素B$_{12}$还是人体三大造血原料之一。维生素B$_{12}$除了对血细胞的生成及中枢神经系统的完整性起关键作用外，还有消除疲劳、恐惧、气馁等不良情绪的作用。

⚠ 缺乏警示

缺乏维生素B$_{12}$会出现肝功能和消化功能障碍，备孕女性会感觉食欲不振、身体虚弱、精神抑郁、体重减轻、皮肤粗糙等，还有可能引起贫血。

◷ 每日需求量

2杯牛奶（500毫升）或180克干奶酪就可以满足备孕期一天维生素B$_{12}$的需要。只要不偏食或不是长期素食，一般不会缺乏维生素B$_{12}$。

➡ 获取渠道

维生素B$_{12}$只存在于动物性食物中，其中肉和肉制品是主要来源，尤其是牛肉和动物内脏，如牛肾、猪肝、猪心、猪肠等，海产品如鱼、蟹类等，以及牛奶、鸡蛋中含量也很丰富。在补充维生素B$_{12}$时应注意，维生素B$_{12}$很难直接被人体吸收，和叶酸、钙质一起摄取，可使维生素B$_{12}$获得较好的吸收利用效果，有利于维持人体的功能活动。

◉ 百合炒牛肉

原料: 牛肉、百合各150克，甜椒片、盐、酱油、植物油各适量。

做法: ①百合掰成小瓣，洗净；牛肉洗净，切成薄片放入碗中，用酱油抓匀，腌制20分钟。②油锅烧热，倒入牛肉片，大火快炒，加入甜椒片、百合翻炒至牛肉片全部变色，加盐调味即可。

一周吃1~2次瘦牛肉，每次60~100克，可以预防缺铁性贫血，并能增强免疫力。

锌: 维持正常月经周期

锌对胎儿的发育和正常的细胞分裂是极其重要的, 许多酶的活动都需要锌。锌不足还会降低蛋白质的新陈代谢, 而蛋白质是产生健康卵子的必要物质。此外, 锌还有维持月经正常周期的作用。

⏱ 每日需求量

如果备孕女性体内锌含量充足, 可维持性激素分泌, 促进排卵。另外, 锌对胎宝宝的大脑发育起着不可忽视的作用。备孕期和孕期锌的摄入量应为每日9.5毫克。

➡ 获取渠道

备孕女性补锌以动物性食物为宜, 锌在牡蛎中含量丰富, 鱼、牛肉、羊肉及贝壳类海产品中也含有比较丰富的锌。谷类中的植酸会影响锌的吸收, 尽量避免同时摄入。

锌和维生素A、维生素C、蛋白质一起服用可以增强人体免疫力, 在做营养餐时不妨将食物进行科学搭配。

下表是一些锌含量比较丰富的食物, 供备孕女性参考。

食物	每100克可食部分含锌量
火腿（全精肉）	9.5毫克
山核桃	7.1毫克
牛里脊肉	4.7毫克
小海蟹	3.2毫克
羊肉（后腿）	3.1毫克
猪里脊肉	2毫克

🍽 清蒸黄花鱼

原料: 黄花鱼1条, 料酒、姜片、葱段、盐、植物油各适量。

做法: ①黄花鱼处理干净, 用盐、料酒腌制10分钟, 将姜片铺在鱼上, 放入锅中用大火蒸熟。②拣去姜片, 倒掉腥水, 然后将葱段铺在鱼身上。③植物油倒入锅中烧热后, 浇到鱼盘的葱段上即可。

黄花鱼含丰富的蛋白质、维生素、钙、铁等营养素, 有利于改善备孕夫妻贫血、失眠、头晕等症状。

蛋白质: 保证精子和卵子质量

研究显示, 蛋白质摄入不足会导致卵子的质量低下。此外, 对备育男性来说, 蛋白质是生成精子的重要营养成分。合理补充优质蛋白质, 有益于协调备育男性的内分泌功能以及提高精子的数量和质量。

⏱ 每日需求量

蛋白质每日摄入量应控制在65~70克, 也就是说, 每天荤菜中有1个鸡蛋、100克鱼肉、50克畜肉或禽肉, 再加1杯牛奶, 就可满足身体对蛋白质的需求。

➡ 获取渠道

富含优质蛋白质的食物有鱼、虾、鸡肉、鸡蛋、牛奶和豆制品等。此外, 植物中的脂肪含较多的不饱和脂肪酸, 对人体有益, 所以补充蛋白质也应考虑摄入一定数量的植物蛋白质。

食物	每100克可食部分含蛋白质的量
瘦肉、鱼、家禽	25~30克
熟赤豆	8.5克
乳脂干酪	8克
熟芸豆	7.5克
鸡蛋	6克
牛奶、酸奶	3~4克
熟碎小麦	4克

① 建议补充方案

最好的植物蛋白来自豆类和谷物的结合。如果备孕女性是素食者或者有时不想吃肉, 可以通过食物互补的方法来满足机体对蛋白质的需求。将豆类和谷类混合食用, 比如豆浆配馒头、小扁豆配大米, 它们的蛋白质营养就会与牛肉相等。

🍲 秋葵拌鸡肉

原料: 秋葵5根, 鸡胸肉100克, 小番茄5个, 柠檬半个, 盐、橄榄油各适量。

做法: ①洗净秋葵、鸡胸肉和小番茄。②秋葵放入滚水中焯烫2分钟, 捞出后放凉水中净凉; 鸡胸肉放入滚水中煮熟, 捞出沥干水分。③小番茄对半切开; 秋葵去蒂, 切成1厘米的小段; 鸡胸肉切成1厘米见方的块。④将橄榄油、盐放入小碗中, 挤入几滴柠檬汁, 搅拌均匀成调味汁。⑤切好的秋葵、鸡胸肉和小番茄放入盘中, 淋上调味汁拌匀即可。

秋葵热量较低, 可溶性膳食纤维较多, 与肉类搭配, 可以降低胆固醇的摄入, 适合偏胖的备孕夫妻食用。

维生素E：天然"生育酚"

医学上常采用维生素E治疗男女不育不孕症及先兆流产，所以维生素E又名"生育酚"。此外，维生素E还有很强的抗氧化作用，可以延缓衰老，预防大细胞性贫血和溶血性贫血，在孕早期常被用于保胎安胎。

⚠ 缺乏警示

缺乏维生素E容易引起毛发脱落、皮肤多皱、胎动不安或流产后不易再受精怀孕等症状，如果长期缺乏维生素E还会影响胎宝宝的大脑功能。

⏱ 每日需求量

备孕和怀孕期推荐摄入量为每日14毫克。备孕女性用富含维生素E的植物油炒菜，即可获得充足的摄入量。

➡ 获取渠道

各种植物油（葵花子油、玉米油、香油等）、谷物的胚芽、许多绿色蔬菜、肉、奶、蛋等都是维生素E非常好的来源。葵花子富含维生素E，备孕女性只要每天用2勺葵花子油炒菜，即可满足一日所需。

ℹ 建议补充方案

炒菜时长时间高温烹调，会丢失大量维生素E，要尽量避免。如果口服硫酸亚铁，要和维生素E错开8小时，以免影响吸收。

🍽 花生紫米粥

原料：紫米50克，花生仁50克，白糖适量。

做法：①紫米洗净，浸泡30分钟，再放入锅中，加适量水煮30分钟。②放入花生仁煮至熟烂，加白糖调味即可。

花生仁、核桃、杏仁等坚果中维生素E含量较丰富，煮粥时可以适量加一点，但不可过量，以免摄入过多脂肪。

维生素C：增加机体抗病能力

在治疗原因不明性不孕症时，维生素E和维生素C一起服用可增加排卵。维生素C又称为L-抗坏血酸，能够预防坏血病，还可促进胶原组织形成，维持牙齿和骨骼的发育，促进铁的吸收，最为人熟知的是它能增加机体的抗病能力，促进伤口愈合，并具有防癌、抗癌作用。

⚠ 缺乏警示

缺乏维生素C，不仅影响备孕女性对铁的吸收，出现贫血，还会引发牙龈肿胀出血、牙齿松动，并影响胎宝宝对铁的吸收，出现新生儿先天性贫血及营养不良。

🕐 每日需求量

备孕期推荐量为每日100毫克。一般2个猕猴桃即可满足每日所需。

➵ 获取渠道

备孕女性只要正常进食新鲜蔬菜和水果，一般不会缺乏维生素C。

维生素C多存在于新鲜蔬菜和水果中，水果中的酸枣、柑橘、草莓、猕猴桃等含量较高；蔬菜中番茄、辣椒、豆芽含量较高。

蔬菜中的维生素C，通常叶部的含量比茎部含量高，新叶比老叶含量高。

先洗后切，洗菜时速度要快，烹调时应快炒，少加或不加水，尽量减少维生素C的流失。

🍴 西蓝花拌黑木耳

原料：西蓝花200克，水发黑木耳、胡萝卜各20克，蒜末、生抽、陈醋、白糖、盐、香油各适量。

做法：①黑木耳洗净，撕小朵；西蓝花切小朵，入盐水浸泡，捞出洗净，胡萝卜洗净，去皮，切丝；生抽、陈醋、白糖、香油、蒜末调成料汁。②清水加盐烧开，分别焯烫黑木耳、西蓝花、胡萝卜，捞出过凉，沥干。③将食材摆盘，淋上料汁，拌匀即可。

西蓝花中的维生素C、钙、铁、锌等营养素含量比菜花高，热量较低，搭配富含铁的黑木耳，可防治孕期贫血。

DHA：卵子健康宝贝聪明的关键营养素

DHA属于ω-3系列多不饱和脂肪酸，是人体必需脂肪酸。它是细胞膜的重要构成成分，也是卵巢中组织生成细胞膜所需的营养物质。由于DHA要花一定时间才能被人体组织吸收，因此打算怀孕的女性至少应该提前3个月补充。

⚠ 缺乏警示

必需脂肪酸能促进人的精神健康，如果人体缺乏必需脂肪酸，就很容易导致抑郁、诵读困难、记忆力衰退等症状。如果希望大脑始终处于健康、均衡的状态，那么必需脂肪酸正是其中的关键。

ⓘ 建议补充方案

备孕女性每周吃2~3次海鱼(三文鱼等)可基本保证获取足够的DHA，鱼油还具有抗凝血的特点，如果你反复流产，那它对于你是非常有益的。

对于不吃鱼或对鱼类过敏的备孕女性，只能通过其他途径获得DHA，比如植物种子和坚果。最有益健康的植物种子莫过于亚麻籽，可以用这类植物种子油（亚麻籽油、紫苏籽油含α-亚麻酸，它们可以在体内转化成DHA）来给沙拉调味。

此外，像南瓜子以及芝麻，可以先将它们碾碎，然后掺在谷物食品、汤及沙拉中食用，能使其中的营养得到更好的吸收。

🍲 彩椒三文鱼串

原料：三文鱼150克，青、黄、红彩椒各半个，柠檬汁、黑胡椒粉、蜂蜜、盐、橄榄油各适量。

做法：①三文鱼冲洗干净，擦干水分，切块；彩椒洗干净切片。②三文鱼块加柠檬汁、盐、蜂蜜腌制15分钟。③用竹签将三文鱼块彩椒片串好。④油锅烧热，放入三文鱼串，煎炸至三文鱼变色，撒上黑胡椒粉即可。

三文鱼含有丰富的ω-3脂肪酸，能有效降低血脂和血清胆固醇，备孕期间最好吃熟的三文鱼。

碘: 产生甲状腺素的必需元素

碘堪称"智力营养素",孕前补碘比孕期补碘更能促进胎宝宝的脑部发育。孕前补碘的女性所生的宝宝,其体重、身高及智力水平均高于未补碘而出生的宝宝。备孕女性可以通过检测尿碘水平来确定身体是否缺碘。

⚠ 缺乏警示

备孕和怀孕期缺碘,会使胎宝宝甲状腺素合成不足,导致大脑皮层中分管语言、听觉和智力的部分发育不全,还会造成流产、死产、先天畸形,增加新生儿的致畸率和死亡率。

⏱ 每日需求量

孕期碘的摄入量应为每日175微克,相当于每日食用6克碘盐。以下是一些碘含量比较丰富的食物。

食物	每100克可食部分含碘量
裙带菜(干)	15878微克
紫菜(干)	4323微克
海带(鲜)	923微克
叉烧肉	57.4微克
开心果(熟)	37.9微克
火鸡腿	33.6微克
乌鸡蛋(绿皮)	20.0微克

🗒 建议补充方案

含碘丰富的食物有海带、紫菜、海蜇、海虾等海产品,如果需要忌口,在日常烹饪时使用含碘食盐。

含碘食物与含β-胡萝卜素、脂肪的食物一起食用,吸收效果更好。在吃含碘食物时,不妨吃一点胡萝卜等食物。

🍽 什锦面

原料:面条100克,鲜香菇、胡萝卜、豆腐、海带各20克,香油、盐各适量。

做法:①鲜香菇、胡萝卜分别洗净切丝;豆腐洗净切条;海带洗净切丝。②面条放入水中煮熟,放入香菇丝、胡萝卜丝、豆腐条和海带丝稍煮,出锅前加盐调味、淋香油即可。

什锦面中食材丰富,营养全面,易于消化,里面的食材备孕夫妻尽量都要吃,保证营养均衡。

镁：缺乏易引发流产

缺镁会引发女性不孕和增加流产的风险，而日常饮食中镁含量往往较低。此外，镁还有提高男性生殖能力的作用，男性应在备孕期多吃一些富含镁的食物。

⚠ 缺乏警示

当出现腿抽筋，并伴随情绪不安、易激动、反射亢进的情况，就应该考虑到这是身体发出缺镁元素的信号，需要多吃富含镁的食物。补镁需在医生指导下进行，千万不能自行服用补镁剂，以免造成镁中毒。

🕐 每日需求量

备孕和怀孕期间，女性对镁的需求高于平常，一般来说，每周吃2~3次花生，每次5~8粒基本就能满足对镁的需求。

→ 获取渠道

镁主要存在于植物性食物中，谷类中的燕麦、小米、荞麦、玉米、高粱，豆类中的黄豆、豌豆、蚕豆、黑豆，蔬菜中的辣椒、苋菜、蘑菇，水果中的杨桃，都含有丰富的镁。动物性食物中，瘦肉与内脏中的镁含量较高。此外，海产品以及芝麻、花生、核桃等干果类食物，也含有丰富的镁。

🍲 豌豆玉米丁

原料：豌豆120克，胡萝卜100克，玉米粒80克，水发黑木耳、盐、水淀粉、植物油各适量。

做法：①豌豆、玉米粒洗净；胡萝卜洗净，去皮，切丁；黑木耳洗净切末。②油锅烧热，加玉米粒、豌豆、胡萝卜丁、黑木耳末一同翻炒。③加盐调味，炒至食材全熟时淋水淀粉勾薄芡即可。

玉米和豌豆搭配可以提供丰富的镁元素，玉米还能抑制饭后血糖升高，适合患糖尿病的备孕女性食用。

硒：备孕时常被忽视的营养素

和镁一样，缺硒也会引发女性不孕，并且增加流产的风险。硒是人体必需的矿物元素，人体无法合成，需要从食物中摄取。硒是体内抗氧化酶的组成成分，能清除体内自由基，排除体内毒素。

⚠ 缺乏警示

一般饮食正常，无严重的偏食、挑食情况，身体是不会缺乏硒元素的。但若在正常范围内偏低，身体就会发出缺硒的信号，如免疫力下降。硒元素很少单独缺乏，常伴随维生素、铁元素缺之症状。

☻ 每日需求量

备孕和怀孕期间，女性对硒的需求量高于平常，推荐日摄入量为50~65微克。大多数蔬菜和水果中，硒含量都很少，只有大蒜的含硒量稍高一些，每100克大蒜中含有14微克硒。

➜ 获取渠道

食物是硒的主要来源，天然食物中，如动物性食物、海鲜和植物种子，尤其是芝麻中含有丰富的硒。

硒在食物中的含量符合高蛋白质食物含量高、低蛋白质食物含量低的规律，按照含硒量高低的顺序是动物内脏、海产品、鱼、蛋类、肉、蔬菜、水果。

🍱 鸡丝麻酱荞麦面

原料: 熟鸡胸肉100克，荞麦面条80克，芝麻酱、盐各适量。

做法: ①荞麦面条煮熟过凉，沥干水分放入盘中。②芝麻酱加入盐，加凉开水朝一个方向搅拌开，淋在面上。③熟鸡胸肉撕成丝，与面拌匀即可。

此面含有一定量的硒、优质蛋白质、碳水化合物和B族维生素，作为早餐，保证一上午活力满满。

Part 3

肥肥的卵子，
妈妈给宝宝
的礼物

让卵巢健康卵子优秀的黄金食材

玉米: 延缓卵巢功能衰退

玉米中含有谷胱甘肽, 在微量元素硒的作用下, 会生成谷胱甘肽氧化酶, 能够延缓卵巢功能的衰退。

★ 优势营养解读（每100克鲜玉米可食用部分）

碳水化合物	维生素A	膳食纤维	维生素E	烟酸	蛋白质	硒
22.8克	7微克	2.9克	0.46毫克	1.8毫克	4.0克	1.63微克

❤️ 医生的建议

吃玉米时应把玉米粒的胚尖全部吃掉, 因为玉米的许多营养都集中在这里。

烹调使玉米损失了部分维生素C, 却获得了更有营养价值的活性抗氧化剂, 所以玉米煮熟吃更佳。

食用量以每餐100克为宜。新鲜玉米上市的时候, 备孕女性可以每天吃1根。

玉米发霉后会产生致癌物, 所以发霉玉米绝对不能食用。

🍲 鸡蛋玉米羹

原料: 鸡肉100克, 玉米粒50克, 鸡蛋1个, 盐适量。

做法: ①鸡肉洗净, 切丁; 鸡蛋打成蛋液。②玉米粒、鸡肉丁放入锅内, 加清水大火煮开, 并撇去浮沫。③将鸡蛋液沿着锅边倒入, 一边倒入一边进行搅动, 煮熟后加盐调味即可。

玉米和鸡蛋搭配清爽不油腻, 适合食欲不振、便秘的备孕女性食用。

荞麦：增强卵巢代谢能力

荞麦的营养价值高于一般谷物，其含有的烟酸可以促进机体的新陈代谢，增强卵巢的代谢能力，预防卵巢肿瘤。

★ 优势营养解读（每100克荞麦可食用部分）

碳水化合物	蛋白质	维生素B$_1$	维生素B$_2$	镁	锌	硒
73克	11.3克	0.28毫克	0.16毫克	151毫克	1.94毫克	2.45微克

❤ 医生的建议

脾胃虚寒、消化功能不佳及经常腹泻的备孕女性不宜食用荞麦。

荞麦面（食）宜与羊肉同食，两者寒热互补。荞麦中所含蛋白质及其他过敏物质，可引起过敏反应，凡体质易过敏的备孕女性应当慎食。

🍴 香菇荞麦粥

原料：大米50克，荞麦20克，干香菇2朵。

做法：①干香菇泡发，切成细丝备用。②大米和荞麦提前浸泡，淘洗干净，放入锅中，加适量水，开大火煮。③沸腾后放入香菇丝，转小火，慢慢熬制成粥。

荞麦是偏胖备孕女性的理想主食，与大米搭配煮粥，营养互补。

苹果: 维持卵巢功能

苹果中独有的苹果酚,有较强的抗氧化作用,可让卵巢处于功能旺盛的状态。苹果中的多糖、钾等物质,能够中和人体内过多的酸性体液,进而缓解卵巢疲劳。

★ 优势营养解读（每100克苹果可食用部分）

碳水化合物	蛋白质	维生素A	维生素C	钙	钾	硒
13.5克	0.2克	3微克	4毫克	4毫克	119毫克	0.12微克

❤ 医生的建议

每天吃1~2个苹果就足够了。直接食用较方便,和其他蔬果一起榨汁能够改善口感。

从初春到夏季,这段时间市售的很多苹果是经过贮藏的,所以味道不是很新鲜,要尽量在上市季节挑选新鲜的苹果食用。

不要把切开或削皮后的苹果长时间暴露在空气中,要尽快食用,否则暴露在外的果肉与空气接触,会发生氧化反应而变成褐色,影响味道,且容易使营养成分流失。

🍲 苹果玉米汤

原料:苹果1个, 玉米半根。

做法:①苹果洗净, 去核、去皮, 切块; 玉米剥皮洗净后, 切成块。②把玉米块、苹果块放入汤锅中, 加适量水, 大火煮开, 再转小火煲40分钟即可。

苹果和玉米搭配, 不仅可以延缓卵巢功能衰退, 还可以有效地降低胆固醇。

猕猴桃：抗氧化，防衰老

猕猴桃中含有叶酸和多种氨基酸、矿物质，特别是维生素C含量丰富，有助于抗氧化、防衰老、清洁卵巢、防癌抗癌、保持卵巢的活力。

★ 优势营养解读（每100克猕猴桃可食用部分）

维生素A	维生素B$_1$	维生素B$_2$	维生素C	钾	锌	硒
22微克	0.02毫克	0.05毫克	62毫克	144毫克	0.57毫克	0.28微克

❤ 医生的建议

一般人均可食用猕猴桃，女性在生理期和孕期食用，还有助于缓解抑郁情绪。

脾胃虚寒的备孕女性不宜多食猕猴桃。

猕猴桃宜与酸奶同食，可促进肠道健康，帮助肠内益生菌的生长，缓解便秘症状。

全麦吐司含丰富的膳食纤维，可较快产生饱腹感，而且易于消化。

🍽 水果酸奶全麦吐司

原料： 全麦吐司2片，酸奶1杯，蜂蜜、草莓、哈密瓜、猕猴桃各适量。

做法： ①将全麦吐司切成方丁。②所有水果洗净，去皮，切成小块。③将酸奶盛入碗中，调入适量蜂蜜，再加入全麦吐司丁、水果丁搅拌均匀。

海带：减少卵巢疾病发生概率

海带含碘丰富，碘是人体内合成甲状腺素的主要营养素，可以促进卵巢的生长发育。而且，碘被人体吸收后，能帮助人体排泄有害物质，减少卵巢疾病的发生。

★ 优势营养解读（每100克海带可食用部分）

蛋白质	维生素B₁	维生素B₂	钾	镁	锌	硒
1.2克	0.02毫克	0.15毫克	246毫克	25毫克	0.16毫克	9.54微克

❤ 医生的建议

一周吃1~2次海带，能刺激垂体，使女性体内雌性激素水平降低，恢复卵巢正常功能，消除乳腺增生的隐患。有高血压、肥胖症、高脂血等症的备孕女性，在蒸饭、煮汤时可搭配适量海带同食。

干海带以肉质厚实、形状宽长、干度适宜、深褐或黑绿色的为佳，红褐色或略带绿色的质量较次。可将干海带装入塑料袋包好，通风处保存，吃的时候提前用水泡一晚上。

◉ 海带焖饭

原料： 大米、水发海带各30克，彩椒丝、盐各适量。

做法： ①将大米淘洗干净；海带洗净，切成小块。②锅中放入大米和适量水，用大火烧沸后放入海带块，小火煮至米粒熟软，加盐调味。③最后盖上锅盖，用小火焖15分钟，放上彩椒丝即可。

海带焖饭含有丰富的碳水化合物、碘等营养元素，吃海带对体弱畏寒的备孕女性有一定的保健作用。

大蒜：预防流感，保护卵巢细胞

有研究显示，大蒜是最具抗癌潜力的食物，大蒜中的硒可抑制卵巢肿瘤细胞的生长。此外，大蒜中的辣素具有很强的杀菌能力，经常食用可预防流感，防治感染性疾病。

⭐ 优势营养解读（每100克大蒜可食用部分）

蛋白质	维生素B$_1$	维生素B$_2$	维生素C	镁	锌	硒
4.5克	0.04毫克	0.06毫克	7毫克	21毫克	0.88毫克	3.09微克

❤ 医生的建议

夏天天气炎热，细菌容易繁殖，吃点大蒜，可以避免得肠胃炎、痢疾等胃肠道疾病。许多实验表明，大蒜对于肠道内大肠杆菌、痢疾杆菌的抑制作用尤为明显，所以大蒜常被称为"天然抗菌药"。

备孕期的女性不可盲目吃药。有感冒症状时，将大蒜、生姜切片，加水煎煮，放适量红糖服用，可有效缓解感冒症状。

🍲 下饭蒜焖鸡

原料：鸡块250克，彩椒2个，去皮蒜瓣10个，姜片、料酒、海鲜酱油、蚝油、白糖、植物油各适量。

做法：①鸡块洗净，用蚝油腌制20分钟；彩椒洗净，切块。②油锅烧热，放入姜片、鸡块，小火煸炒至鸡块出油脂，加入料酒。③加入蒜瓣，翻炒至变色，加入海鲜酱油、白糖、清水，翻炒至鸡块上色。④再加清水没过鸡块，大火烧开，小火收汁，加彩椒块翻炒均匀即可。

彩椒能够促进脂肪的新陈代谢，与肉类同煮，可以防止体内脂肪积存。

绿豆：帮助卵巢排毒

绿豆中含有球蛋白类蛋白质、磷质、B族维生素，可以与卵巢中残留的铅、汞、砷等重金属形成沉淀，帮助卵巢排出毒素。绿豆中的活性物质具有抗氧化作用，有助于抑制癌细胞生长，预防卵巢癌的发生。

★ 优势营养解读（每100克绿豆可食用部分）

蛋白质	维生素B$_1$	维生素B$_2$	维生素C	维生素E	锌	硒
21.6克	0.25毫克	0.11毫克	7毫克	10.95毫克	2.18毫克	4.28微克

♥ 医生的建议

绿豆有清热的功效，特别适合体质偏热的备孕女性食用。炎炎夏季，不妨用绿豆配南瓜，缓解夏季身热口渴或头晕乏力等症状。

如果备孕女性脾胃虚弱，就不宜吃太多绿豆及其制品，因为绿豆会加重脾胃虚弱的情况。

喝绿豆汤最好连皮一起，否则会降低绿豆的功效。此粥热量低，适合备孕女性夏天没有食欲的时候食用。

🍱 大米绿豆南瓜粥

原料： 大米50克，绿豆20克，南瓜100克。

做法： ①南瓜洗净，切块；大米、绿豆淘洗干净、浸泡。②将大米、绿豆放入锅中，加适量水，小火煮至七成熟，放入南瓜块，待南瓜块熟透后即可食用。

豆浆: 补充"植物雌激素"

豆浆中含有的大豆异黄酮又称植物雌激素,它的结构接近于人体内产生的雌激素(但不等同于雌激素)。当女性年龄趋大,比如35岁以后(特别是更年期女性),此时体内雌激素偏低、卵巢功能逐步衰退,可以多喝豆浆,摄入足够多的植物雌激素,对保证卵巢功能有利。

⭐ 优势营养解读(每100克豆浆)

蛋白质	叶酸	维生素E	钙	钾	锌
3克	5微克	1.06毫克	5毫克	117毫克	0.24毫克

💗 医生的建议

豆浆必须要煮开(生豆浆必须煮沸5分钟以上才可饮用),煮的时候还要敞开锅盖,煮沸后继续加热3~5分钟,使泡沫完全消失,让豆浆里的有害物质随着水蒸气挥发掉,否则易引起恶心、呕吐等中毒症状。

自制豆浆尽量在2小时以内喝完,每次饮用250毫升为宜。长期食用豆浆的备孕女性不要忘记补锌。

🍲 山药豆浆粥

原料: 大米100克,豆浆250毫升,山药50克,冰糖适量。

做法: ①大米淘洗干净;山药洗净,去皮,切丁。②大米加清水煮沸,加入豆浆、山药丁、冰糖,煮至大米开花即可。

豆浆中的蛋白质消化率达到95%以上,充足的蛋白质可以保证卵巢功能正常。

备孕女性尽量拒绝的食物

在备孕期间注意饮食，对以后宝宝的健康成长有重大影响。所以女性在备孕期间不仅要保证各种营养的均衡摄入，还要知道一些饮食禁忌。

咖啡

长期大量饮用咖啡，会导致睡眠障碍，心跳节律加快，血压升高，并易患心脏病。咖啡中的咖啡碱，还会破坏维生素B_1，导致出现烦躁、易疲劳、食欲下降和记忆力减退等症状。

偶尔喝咖啡，可以提神醒脑、减轻疲劳感，但对于备孕女性来说，还是应当拒绝。咖啡因会影响胎儿所需氧气和养分的供应，还会造成脐动脉阻力增加，导致胎儿体重偏轻或流产。

油条

很多人有早餐吃油条的习惯，却不知每吃2根油条就等于吃进去3克左右的明矾，因为炸油条使用的明矾含有铝，铝会通过胎盘进入胎宝宝大脑，影响胎宝宝智力发育。因此从备孕开始，就要改掉早餐吃油条的习惯。

罐头食品

罐头食品在生产的过程中通常都会加入添加剂，如人工合成色素、香精、防腐剂等。这些添加剂虽然对人体没什么危害，但罐头食品经过高温处理后，其营养价值会受到一定的破坏，对人体无益。而且，某些铁皮罐头由于焊接的原因，会有部分铅渗入食物中。如果血液中铅含量过高，就会出现铅中毒。相当一部分女性不明原因的不孕可能就是铅超标所致。因此，建议女性在备孕时，不要吃罐头食品。如果之前有吃罐头食品的习惯，建议去医院做血铅测定。

方便面

人体的正常生命活动需要七大营养素,即蛋白质、脂肪、碳水化合物、矿物质、维生素、膳食纤维和水。缺乏任何一种营养素,时间长了就会患病。方便面的主要成分是碳水化合物,汤料只含有少量味精、盐分等,即使是各种名目的鸡汁、牛肉汁、虾汁等方便面,其中肉汁成分的含量也非常少,远远满足不了人体每天所需要的营养量。常吃方便面会造成营养不良,不利于备孕。

饮料

饮料冰凉爽口,是夏季消暑的常见饮品,也是很多备孕女性的挚爱。但饮料可造成体内缺铁而致贫血,不利于备孕。而冰镇饮料对女性的身体危害更大,不仅会使血液淤积在肠道和盆腔里,导致痛经、月经紊乱等妇科疾病,大大提高不孕的概率,还可能在不知道怀孕的情况下,诱发先兆流产或腹痛、腹泻。

腌制食品

腌制食品虽然美味,但含有大量亚硝酸盐类物质。亚硝酸盐摄入过多,人体不能代谢,蓄积在体内会对健康产生危害。并且,腌制食品大多过咸,其中含有大量的钠。而人体摄入过量的钠,易使身体的钾、钠失去平衡,加重肾脏、心脏的负担。

4周排毒调体质，养出优质卵子

第1周：吃对就排毒

套餐A	早餐	加餐	午餐	加餐	晚餐	加餐
	燕麦南瓜粥 水煮蛋	蔬菜沙拉	米饭 五彩玉米羹 麦香鸡丁	苹果 酸奶	二米饭 凉拌藕片 芦笋炒牛肉	松子

除了备孕，本套餐还适合孕中后期食用，莲藕和玉米可以缓解便秘症状，而鸡肉可防止体重增长过快。

玉米富含膳食纤维，可促进胃肠蠕动，帮助备孕女性清肠排毒。

五彩玉米羹

膳食纤维 维生素B 镁

原料: 玉米粒50克，鸡蛋1个，豌豆、枸杞子、青豆、冰糖、水淀粉各适量。

做法: ①玉米粒洗净；鸡蛋打散；豌豆、青豆、枸杞子洗净。②玉米粒、青豆、豌豆放入锅中，加水煮至熟烂，放入枸杞子、冰糖，煮5分钟，加水淀粉勾芡。③淋入蛋液，搅成蛋花，烧开后即可。

莲藕中含有丰富的膳食纤维和铁，建议备孕女性煮熟后再吃，可以调血、补血。

凉拌藕片

维生素C 铁

原料: 莲藕200克，柠檬半个，蜂蜜、盐各适量。

做法: ①莲藕洗净去皮，切薄片，沸水中加盐，焯熟藕片，取出放凉。②将柠檬挤汁，与适量蜂蜜调和；柠檬皮切丝。③将调好的柠檬蜂蜜汁淋在藕片上，柠檬丝做装饰，待入味即可。

麦香鸡丁

原料: 鸡胸肉250克, 燕麦片50克, 白胡椒粉、盐、水淀粉、植物油各适量。

做法: ①鸡胸肉用温水洗净, 切丁, 用盐、水淀粉搅拌上浆。②油锅烧四成热, 放入鸡丁滑油捞出; 烧六成热, 倒入燕麦片, 炸至金黄色, 捞出沥油。③油锅留底油, 倒入鸡丁、燕麦片翻炒, 加入适量的白胡椒粉、盐调味即可。

这么吃有好孕

鸡肉脂肪含量低, 蛋白质含量高, 且容易被人体吸收; 燕麦片含有丰富的膳食纤维, 二者搭配, 有利于人体消化吸收。

57

套餐B	早餐	加餐	午餐	加餐	晚餐	加餐
	山药牛奶燕麦粥	苹果	米饭	橙子	小米粥	全麦面包
	黑米馒头		甜椒炒牛肉		西葫芦饼	
	水煮鸡蛋		板栗扒白菜		鲜虾芦笋	

备孕和孕期需要补钙的女性可以常食此套餐，特别是孕期最后2个月，补钙很重要。

燕麦片富含膳食纤维，能促进胃肠蠕动，利于排便，适合备孕女性排毒食用。

山药牛奶燕麦粥

膳食纤维 钙 蛋白质

原料：牛奶250毫升，燕麦片、山药各50克，白糖适量。

做法：①山药洗净，去皮，切块。②将牛奶倒入锅中，放入山药块、燕麦片，小火煮，边煮边搅拌，煮至燕麦片、山药块熟烂，加白糖即可。

板栗扒白菜

膳食纤维 维生素B₂ 叶酸

原料：白菜150克，板栗50克，葱花、姜末、水淀粉、盐、植物油各适量。

做法：①板栗去壳，洗净，入沸水煮熟。②白菜洗净，切片，下油锅煸炒后盛出。③另起油锅烧热，放入葱花、姜末炒香，接着放入白菜片与板栗翻炒，加水适量，熟后用水淀粉勾芡，加盐调味即可。

板栗热量比较高，一次食用量别超过5颗，配合白菜食用，可减少体内毒素堆积。

西葫芦饼

维生素C 碳水化合物 钾 维生素A

原料： 西葫芦1个，面粉100克，鸡蛋2个，盐、植物油各适量。

做法： ①鸡蛋打散，加盐调味；西葫芦洗净，切丝。②将西葫芦丝放进蛋液里，加面粉搅拌均匀（如果面糊稀了就加适量面粉，如果稠了就加1个鸡蛋）。③油锅烧热，将面糊倒进去，煎至两面金黄，盛盘切块即可。

这么吃有好孕

西葫芦含水量高、热量低，备孕女性常吃可排毒养颜。但注意不宜煎得太久，以免营养损失。

第2周：调出好孕体质

套餐A	早餐	加餐	午餐	加餐	晚餐	加餐
	全麦面包 蔬菜沙拉 牛奶	榛子 酸奶	米饭 什锦烧豆腐 土豆炖牛肉	橙子	米饭 青椒土豆丝 荷兰豆炒鸡柳	百合粥

如果备孕、孕期正逢夏季，可以选择此套餐。百合能清热祛火、滋阴养肺，荷兰豆有利于调理肠胃。

荷兰豆和鸡肉，荤素搭配，含有优质蛋白、维生素C和膳食纤维，有降低血清胆固醇的作用，有利于备孕女性调理肠胃。

荷兰豆炒鸡柳

维生素C 蛋白质 胡萝卜素

原料：荷兰豆200克，胡萝卜50克，鸡胸肉200克，鸡蛋清1个，淀粉、姜片、盐、植物油各适量。

做法：①荷兰豆择洗干净，胡萝卜去皮切片，分别入沸水断生；鸡胸肉洗净，切条，加鸡蛋清、淀粉腌制15分钟。②油锅烧热，爆香姜片，加入鸡胸肉翻炒至变色，放入荷兰豆、胡萝卜片翻炒均匀，加盐调味即可。

百合有良好的滋补功效，能清热祛火、滋阴养肺。但脾胃虚弱的备孕女性不宜多吃。

百合粥

碳水化合物 B族维生素

原料：百合20克，大米30克，枸杞子、冰糖各适量。

做法：①百合撕瓣，洗净；大米洗净。②将大米放入锅内，加适量清水，快熟时，加入百合、枸杞子、冰糖，煮成稠粥即可。

土豆炖牛肉

膳食纤维 **铁** **蛋白质**

原料：牛后腱肉200克，土豆200克，胡萝卜、姜片、葱丝、生抽、料酒、白糖、盐、植物油各适量。

做法：①牛后腱肉洗净，切块，入沸水氽烫去血水，捞出沥水；土豆、胡萝卜分别洗净，去皮，切块。②油锅烧热，爆香姜片、葱丝，加入牛肉块翻炒至变色，倒入生抽、料酒、白糖炒匀，加入土豆块、胡萝卜块，加水没过食材。③大火煮开，小火煮至土豆块熟烂，大火收汤，加入盐调味即可。

这么吃有好孕

土豆含大量膳食纤维，能宽肠通便，帮助身体及时代谢毒素。牛肉中的铁较丰富，备孕女性常吃牛肉能有效预防缺铁性贫血。

套餐B	早餐	加餐	午餐	加餐	晚餐	加餐
	鸡汤馄饨 芝麻烧饼	手卷三明治	米饭 什锦西蓝花 香菇山药鸡 紫菜蛋汤	粗粮饼干 酸奶	米饭 红烧带鱼 珊瑚白菜	水果沙拉

此套餐除了有助于备孕期排毒,还能提高食欲、补充叶酸,同样适合孕早期食用。

此菜富含多种矿物质和维生素,经常食用能促进机体新陈代谢。

珊瑚白菜

膳食纤维　维生素C　叶酸

原料:白菜半棵,香菇4朵,胡萝卜半根,盐、姜丝、葱丝、白糖、醋、植物油各适量。

做法:①白菜洗净,顺丝切成细条,用盐腌透沥干水;香菇泡发、洗净、切丝;胡萝卜洗净、切丝,用盐腌后沥干水。②油锅烧热,放入姜丝、葱丝煸香,再放入香菇丝、胡萝卜丝、白菜条煸熟,放入盐、白糖、醋调味即可。

鸡汤馄饨不仅味道鲜美,而且含有丰富的优质蛋白质、脂肪酸、钙、铁和维生素C,能促进血液循环。

鸡汤馄饨

蛋白质　钙　磷　维生素B₂

原料:鸡肉200克,馄饨皮300克,虾仁50克,鸡蛋1个,香菜、虾米、鸡汤、盐、植物油各适量。

做法:①鸡肉洗净,与虾仁共同剁碎,加盐拌成馅;鸡蛋加盐打散,入油锅摊成饼,盛出切丝,备用。②馄饨皮包入馅,包成馄饨。③鸡汤煮沸,下馄饨煮熟盛出,撒上鸡蛋丝、虾米、香菜即可。

手卷三明治

叶酸 膳食纤维 钙

原料: 吐司2片,芦笋2根,北极虾30克,沙拉酱适量。

做法: ①吐司去边,压平;北极虾剥壳,去虾线,入沸水焯熟;芦笋洗净切段,入沸水焯烫。②吐司上抹上沙拉酱,依次放上北极虾、芦笋,卷起即可。

这么吃有好孕

芦笋含丰富的叶酸和膳食纤维,是备孕期补充叶酸的佳品,还能促进备孕女性机体新陈代谢。

第3周：暖暖的子宫吃出来

套餐A	早餐	加餐	午餐	加餐	晚餐	加餐
	枣莲三宝粥 鸡蛋	核桃 酸奶	米饭 什锦西蓝花 鹌鹑蛋烧肉 平菇蛋汤	水果沙拉	米饭 红烧带鱼 芦笋口蘑汤	莲子银耳羹

怀孕后，孕妈妈对铁的需求量变大，鹌鹑蛋、猪瘦肉可以作为孕期补铁的常用食材。

红枣能补气血、增进食欲，是体质虚弱的备孕女性补充营养的好食材。常食红枣还可以提高免疫力。

枣莲三宝粥

碳水化合物 钾 镁

原料：绿豆20克，大米50克，莲子、红枣各10颗，红糖适量。

做法：①绿豆、大米淘洗干净；莲子、红枣洗净。②将绿豆和莲子放在带盖的容器内，加入适量开水闷泡1小时。③将泡好的绿豆、莲子放锅中，加适量清水烧开，再加入红枣和大米，用小火煮至豆烂粥稠，加适量红糖调味即可。

芦笋中含丰富的叶酸、膳食纤维和B族维生素，应成为备孕女性的常选食材。

芦笋口蘑汤

膳食纤维 维生素C 叶酸

原料：芦笋4根，口蘑10朵，甜椒2个，葱花、盐、香油、植物油各适量。

做法：①将芦笋洗净，切成段；口蘑洗净，切片；甜椒洗净，切菱形片。②油锅烧热，下葱花煸香，放芦笋段、口蘑片、甜椒片略炒，加适量清水煮5分钟，再放入盐调味。③最后淋上香油即可。

鹌鹑蛋烧肉

蛋白质 铁 硒 锌 维生素B

原料： 鹌鹑蛋10个，猪瘦肉200克，酱油、白糖、盐、植物油各适量。

做法： ①将猪瘦肉焯水5分钟后洗净，切成块；鹌鹑蛋煮熟剥壳，入油锅中炸至金黄后，捞出。②再起油锅，将猪肉块炒至变色，加适量酱油、白糖、盐调味后，加清水没过猪肉块，待汤汁烧至一半时，加入鹌鹑蛋。③汤汁收浓时，出锅装盘即可。

这么吃有好孕

鹌鹑蛋中含有丰富的卵磷脂，猪瘦肉含铁丰富且吸收率较高，二者同食具有补血的功效。

套餐B

早餐	加餐	午餐	加餐	晚餐	加餐
燕麦南瓜粥 鸡蛋紫菜饼	红豆西米露	米饭 核桃乌鸡汤 凉拌土豆丝	全麦面包 牛奶	红枣鸡丝糯米饭 糖醋藕片 宫保素三丁	牛奶

这份套餐特别适合备孕和孕期女性补碘和铁。而乌鸡与核桃搭配，可调理血虚等症。

乌鸡是补血佳品，与核桃搭配煮食能改善血液循环，可以用来调理痛经、血虚体弱等症状。

核桃乌鸡汤

蛋白质 维生素B 镁 锌 DHA

原料: 乌鸡半只，核桃仁4颗，枸杞子、姜片、料酒、盐各适量。

做法: ①乌鸡洗净切块，入水煮沸，去浮沫。②加核桃仁、枸杞子、料酒、姜片同煮。③再开后转小火，炖至肉烂，加盐调味即可。

紫菜中碘、钙、铁的含量高，备孕女性多吃含碘的紫菜，有助于养护子宫和卵巢。

鸡蛋紫菜饼

碘 钙 铁 锌 维生素B

原料: 鸡蛋1个，紫菜8~10克，面粉、盐、植物油各适量。

做法: ①鸡蛋磕入碗中，搅匀；紫菜洗净，撕碎，用水浸泡片刻。②鸡蛋液中加入面粉、紫菜、盐一起搅匀成糊。③油锅烧热，用大勺将面糊倒入锅中，小火煎成一个个圆饼。④两面分别煎熟，出锅后切块即可。

宫保素三丁

维生素C 膳食纤维 DHA

原料:土豆200克,黄瓜、甜椒各100克,花生仁50克,白糖、盐、水淀粉、香油、植物油各适量。

做法:①将土豆洗净,去皮切丁;黄瓜、甜椒分别洗净,切丁;将花生仁、土豆丁分别过油炒熟。②油锅烧热,放入土豆丁、花生仁、黄瓜丁、甜椒丁,大火快炒,加白糖、盐调味,用水淀粉勾芡,最后淋香油即可。

这么吃有好孕

土豆和黄瓜中的膳食纤维可促进肠道内腐败物质地排出,降低胆固醇。

↙

67

第4周: 卵子健康自然好孕

套餐A	早餐	加餐	午餐	加餐	晚餐	加餐
	香菇瘦肉粥 豆沙包	全麦饼干 牛奶	米饭 南瓜蒸肉 凉拌黄豆海带丝	水果 沙拉	米饭 炒菜花 奶香鸡丁	腰果

这份套餐清淡开胃，孕早期孕吐严重的孕妈妈，可以选择此套餐改善食欲。

此菜中大量的B族维生素和膳食纤维，可促进肠道蠕动，减少脂肪堆积，海带中的碘还有助于卵巢健康。

凉拌黄豆海带丝

`碘` `蛋白质` `钙`

原料: 干海带100克，黄豆20克，胡萝卜30克，熟芝麻、香油、盐各适量。

做法: ①干海带洗净，加入冷水中浸泡至涨发，捞出放入蒸锅中蒸熟，取出切丝；泡发黄豆；胡萝卜洗净切丝。②泡好的黄豆和胡萝卜丝放入水中煮熟，捞出沥干水分。③将海带丝、胡萝卜丝和黄豆放入盘中，调入香油和盐拌匀，撒上熟芝麻即可。

猪瘦肉中富含铁，备孕女性多吃富含铁的食物，不仅可以让卵子更健康，也是为孕期储备营养。

香菇瘦肉粥

`铁` `碳水化合物` `硒`

原料: 大米80克，猪瘦肉50克，香菇3朵，虾米、盐、植物油各适量。

做法: ①大米淘洗干净；虾米洗净；猪瘦肉洗净，切丁；香菇洗净，去蒂，切片。②油锅烧热，倒入香菇片爆香后加水煮开，加入大米、猪瘦肉丁、虾米，煮至大米开花。③加盐调味即可。

奶香鸡丁

原料：鸡腿肉200克，木瓜1个，淡奶油120毫升，干淀粉、盐、植物油各适量。

做法：①鸡腿肉剔骨去皮，鸡肉切丁，用盐、干淀粉腌一会儿；木瓜切开，取木瓜肉切丁。②油锅烧热，放入鸡肉丁炒至变色，加入淡奶油，改小火慢慢收汁。③汁快收好后，放入木瓜丁，翻炒均匀即可。

这么吃有好孕

正在备孕的女性，多吃一些富含优质蛋白的食物，有助于卵泡的发育。

69

套餐B

	早餐	加餐	午餐	加餐	晚餐	加餐
	花生紫米粥 鸡蛋	榛子 牛奶	米饭 家常豆腐 清蒸鲈鱼 松仁玉米	粗粮饼干 猕猴桃	米饭 酱牛肉 番茄鸡蛋汤	牛奶

此套餐富含微量元素，对于孕前月经量过多或月经不调以及怀孕的女性，可常选此套餐。

玉米含有的镁和硒，能够延缓卵巢功能的衰退，与含有大量矿物质的松仁同食，能给备孕女性提供丰富的营养。

松仁玉米

镁 硒 DHA 膳食纤维

原料: 玉米粒150克，豌豆50克，胡萝卜1根，松仁5克，盐、植物油各适量。

做法: ①玉米粒洗净；豌豆洗净；胡萝卜洗净，切丁。②油锅烧热，下松仁翻炒片刻，取出待冷却。③锅内留底油，放入玉米粒、豌豆、胡萝卜丁翻炒，出锅前加盐调味，撒上熟松仁即可。

平时补铁能让女性的卵子更健康，对于月经过多或月经紊乱的备孕女性，多吃含铁的牛肉，能预防贫血。

酱牛肉

铁 蛋白质 维生素B₂ 锌

原料: 牛腱肉300克，葱1根，姜1块，酱油、白糖、盐各适量。

做法: ①牛腱肉洗净，切大块，放入开水中略煮一下捞出，用冷水浸泡一会；葱洗净切段；姜洗净切片。②葱段、姜片一起放入锅中，再放入牛腱肉，加适量水和酱油、白糖、盐，煮开后用小火炖至肉熟，冷却后切片。

家常豆腐

蛋白质 **钙** **镁**

原料：油豆腐200克，春笋片、豌豆、虾仁、香菇各50克，酱油、盐、水淀粉、植物油各适量。

做法：①油豆腐洗净；春笋片、豌豆、虾仁洗净；香菇洗净，切片。②油锅烧热，下豌豆、春笋片翻炒，再加入香菇片、虾仁、油豆腐炒匀，加酱油、盐调味炒制。③加适量水，焖至食材全熟，再用水淀粉勾薄芡即可。

这么吃有好孕

豆腐中含大量植物蛋白质，会让卵巢、卵子更健康。每天吃一小盘豆腐即可，过量摄入蛋白质会给肾脏带来负担。

Decorating Bags   Oven Mitts   Copper

Part 4

强壮的精子，
爸爸给宝宝的
见面礼

提高精子质量的食材

番茄：提高精子活力和浓度

每天我都要接诊很多因为不孕不育、胚胎停育或自然流产的夫妻，究其原因，很多是因为男方的精子数量少或者活力不高。除了常规的治疗外，我一般建议他们回去多吃些番茄，因为番茄中富含番茄红素，男性多吃能增加精子数量，提高精子活力。

番茄红素能辅助治疗不育

番茄红素是植物中所含的一种天然色素，因最早从番茄中分离出而得名。它是目前自然界中被发现的最强抗氧化剂。据报道，英国的5名泌尿科专家随机挑选了平均年龄在42岁的健康男士，要求他们在2周内每天饮用1碗番茄汤，其间收集他们的精子样本。结果发现，精子内可消除令男性不育的有害化学物自由基的番茄红素水平显著增加，升幅介乎7%~12%。

其实番茄红素的作用非常多，其中最明显的就是保健前列腺，提高精子活力和浓度，辅助治疗不育。

番茄红素没有任何副作用

经实验结果表明，番茄红素是没有任何副作用的，它是非常适合长期服用的一种保健品。人体自身是不能合成番茄红素的，只能从食物中摄取。

不过在购买番茄红素保健品的时候，一定要到正规专卖店购买，以免买到伪劣产品。

吃番茄的注意事项

番茄不能和抗凝血的药物，如肝素等一起食用，因为番茄中含有维生素K，它是一种促进凝血的物质，与抗凝血药物一起服用，就会大大削减药效，对疾病的治疗不利。

服用新斯的明或加兰他敏等抗过敏的药物时不要食用番茄，因为番茄中的营养物质会对这些药物产生影响，引发不良反应。

未成熟的番茄不要食用，因为其中的番茄碱含量较高，食用后可能出现恶心、呕吐、胃痛等不适症状，一次食用过多，还可能出现食物中毒，因此一定要注意。

🍽 番茄疙瘩汤

原料:番茄2个,鸡蛋1个,面粉120克,盐、植物油各适量。

做法:①面粉加清水搅拌成面糊;鸡蛋打散;番茄洗净切块。②油锅烧热,放入番茄块翻炒至出汤。③加清水煮沸,边搅拌边加入面糊,再次煮沸,加入打散的鸡蛋,加盐调味即可。

这么吃有好孕

番茄疙瘩汤可作为晚餐食用,含有丰富的番茄红素及碳水化合物、钙、铁、磷等营养元素。

鳝鱼：提高精子质量

鳝鱼含有丰富的精氨酸，精氨酸是精子形成的必需成分，并且能够增强精子的活动能力，对维持男性生殖系统的正常功能有重要作用。但人体自身不能合成精氨酸，必须从食物中摄取。而鳝鱼中的精氨酸含量较多，有助于备孕男性养出优质精子。

🍲 炒鳝丝

原料：鳝鱼200克，韭黄60克，料酒、葱花、姜片、酱油、醋、盐、植物油各适量。

做法：①鳝鱼处理干净，洗净，切丝；韭黄洗净，切段。②油锅烧热，倒入鳝鱼丝翻炒至起皱，倒入料酒翻炒出香味，加入葱花、姜片、韭黄，调入酱油、醋、盐炒匀即可。

炒鳝丝滋补味美，含有丰富的DHA和卵磷脂，具有补虚损、强筋骨的作用。

羊肉：暖肾壮阳

羊肉是冬季进补的佳品，煮熟的羊肉，可辅助治疗男性阳痿。备孕男性适量进补羊肉，还可避免肾虚劳损、早泄遗精等症状。

🍲 孜然羊排

原料：羊排250克，葱花、姜片、蒜片、花椒、孜然、植物油、盐各适量。

做法：①羊排洗净，切块，凉水入锅，大火烧开去腥味，捞出沥干。②清水锅加部分葱花、姜片、蒜片、花椒，放入羊排，炖煮至羊肉软烂，捞出沥干。③油锅烧热，爆香剩余的葱花、姜片、蒜片，放入羊排，翻炒至表面微焦，撒孜然、盐，炒出香味即可。

羊肉有助元阳、补精血的作用，备孕男性经常食用，可补肾壮阳。

核桃：提高男性生育能力

研究发现，由核桃提取物制成的药丸，可以作为"伟哥"的替代品。核桃具有壮阳作用并不稀奇，中医书籍早有记载，核桃可以"补肾健脑"。核桃中的维生素E还能预防和改善性激素分泌减少的情况，有助于改善精子质量，提高男性生育能力。

🥣 牛奶核桃粥

原料：大米50克，核桃仁5颗，牛奶150毫升，白糖适量。

做法：①大米淘洗干净，锅内加入适量水，放入核桃仁、大米，大火烧开后转中火熬煮30分钟。②倒入牛奶，煮沸后加入白糖即可。

牛奶核桃粥作为备孕男性的早餐，营养丰富且能保证一上午的能量。

虾：促进精子生成

虾味道鲜美，进补和药用价值都较高。中医认为，虾性温，味甘、咸，有壮阳益肾、补精的功效。备孕男性经常食用，能促进精子的生成。

🦐 茄汁大虾

原料：大虾400克，番茄酱30克，盐、白糖、面粉、水淀粉、植物油各适量。

做法：①大虾洗净去须，用盐腌一会儿，再用面粉抓匀。②油锅烧热，大虾用中火炸至金黄，捞起。③锅内留底油，放入番茄酱、白糖、盐、水淀粉和少量水烧成稠汁，把大虾倒入，翻炒片刻。

虾对肾虚阳痿、早泄遗精、腰膝酸软均有良好的辅助治疗作用。

韭菜: 助阳固精

　　韭菜补肾壮阳的功效众人皆知, 韭菜又有 "起阳草" 之名, 具有温补肝肾、助阳固精的功效, 对于阳痿、遗精等疾病有辅助调理作用。因此, 备孕男性平时可以适量食用韭菜。

小米炒韭菜适合在晚上食用, 不但帮助消化, 还有助于睡眠。

🍲 韭菜炒小米

原料: 小米300克, 韭菜200克, 鸡蛋1个, 盐、植物油各适量。

做法: ①锅内放水烧开, 倒入小米煮熟, 捞出沥干; 韭菜洗净, 切段; 鸡蛋打散。②油锅烧热, 倒入蛋液, 待蛋液稍微凝固, 用筷子划散成小块; 再倒入韭菜, 翻炒至八成熟。③另起油锅, 放入小米翻炒, 放入韭菜和鸡蛋, 加盐调味, 翻炒均匀即可。

南瓜: 预防前列腺疾病

　　南瓜富含铁和锌, 不仅对前列腺有好处, 还可以提高精子质量, 有助于提高男性生育能力。

每天吃50克左右的南瓜子 (已剥皮), 生熟均可, 可有效防治前列腺疾病。

🍲 蜜汁南瓜

原料: 南瓜300克, 红枣、白果、枸杞子、蜂蜜、白糖、植物油各适量。

做法: ①南瓜去皮、切丁; 红枣、枸杞子用温水泡发。②切好的南瓜丁放入盘中, 加入红枣、枸杞子、白果, 入蒸笼蒸15分钟。③锅内放少许油, 加水、白糖和蜂蜜, 小火熬制成汁, 倒在南瓜上即可。

坚果: 增强性功能

坚果中有一种能影响雄性激素产生的物质, 对增强性功能有帮助, 特别是核桃, 功效更为突出, 健肾益胃、具有补益作用 (第77页内容已提及)。此外像芝麻、花生、松子等对备孕男性也有益, 可适量多吃。

🍲 五仁大米粥

原料: 大米30克, 芝麻、碎核桃仁、碎甜杏仁、碎花生仁、瓜子仁各适量。

做法: 大米煮成稀粥, 加入芝麻、碎核桃仁、碎甜杏仁、碎花生仁、瓜子仁, 稍煮片刻即可。

坚果虽然营养丰富, 但是脂肪含量高, 偏胖的备孕男性应少吃。

鱼: 夫妻性和谐素

鱼肉是增强性欲的理想食品, 鱼肉中含有丰富的磷和锌等, 对于男女性功能保健十分重要。

🍲 蒸龙利鱼柳

原料: 龙利鱼1块, 豆豉、料酒、葱花、姜丝、盐、植物油各适量。

做法: ①龙利鱼提前一晚放入冷藏自动解冻, 洗干净, 用盐、料酒、葱花、姜丝腌制15分钟。②龙利鱼入蒸锅, 大火蒸6分钟。③油锅烧热, 爆香葱花, 加入豆豉翻炒, 淋在蒸好的龙利鱼上即可。

龙利鱼中的 ω-3脂肪酸含量丰富, 且有护眼功效, 特别适合从事IT行业的备孕男性食用。

79

鸡蛋：平衡激素水平

鸡蛋虽不是最能增强性欲的食物，但它含有维生素B$_2$和维生素B$_6$，这两种维生素都非常有利于平衡激素水平，有利于维持正常的性欲。

🍲 蛤蜊蒸蛋

原料：鸡蛋2个，蛤蜊50克，盐、香油各适量。

做法：①蛤蜊提前一晚放淡盐水中吐沙。②蛤蜊清洗干净，入锅中加水炖煮至开口后捞出，蛤蜊汤留用。③鸡蛋打散，加适量蛤蜊汤、盐打均匀，淋入香油，加入开口蛤蜊，盖上保鲜膜，上凉水蒸锅大火蒸10分钟即可。

蛤蜊中含有一定量的锌元素，锌元素大量存在于男性睾丸中，参与精子的生成、成熟过程，备孕男性可适量多吃。

蜂蜜：有助于精液的生成

蜂蜜是一种富含植物雄激素的食品，很适合备孕男性食用。植物雄激素与人的垂体激素相似，有明显活跃性腺的生物特征，而男性的精子就是在垂体激素控制下产生的。而且蜂蜜所含的多糖易被人体吸收入血，对精液的形成十分有益。

🍲 蜂蜜红薯角

原料：红薯1个，蜂蜜、干桂花、黄油各适量。

做法：①红薯去皮，用滚刀法切成不规则的粗条，和融化的黄油拌匀，放入烤盘。②烤箱预热至200℃，放入红薯条烤20分钟至红薯条略微焦黄，取出晾凉。③在红薯角上淋上蜂蜜，撒上干桂花即可。

红薯可作为主食，膳食纤维丰富且能量低，非常适合偏胖的备孕男性。

紫菜：提高性欲

紫菜中的含碘量很高，而碘缺乏会导致男性性功能衰退、性欲降低。因此，备孕男性要经常食用紫菜等海藻类食物，此外，海带和裙带菜也含有丰富的碘，备孕男性可适当食用。

🍲 南瓜紫菜鸡蛋汤

原料: 南瓜100克，鸡蛋1个，紫菜、盐各适量。

做法: ①南瓜洗净后，切块；紫菜泡发后洗净；鸡蛋打散搅匀。②将南瓜块放入锅内，煮熟透，放入紫菜，煮5分钟，倒入蛋液搅散，出锅前放盐即可。

紫菜能预防贫血，提高机体免疫功能，与南瓜、鸡蛋搭配做汤佐餐，营养全面。

大葱：补肾气，益精髓

研究表明，大葱的营养十分丰富，它含有各种植物激素以及各种维生素，能保证人体激素正常分泌，从而起到壮阳补阴、提高精子质量的作用。

🍲 葱爆羊肉

原料: 羊肉300克，大葱1根，蒜片、料汁(花椒粉、生抽、干淀粉)、调味料(料酒、醋、白糖、盐)、植物油各适量。

做法: ①羊肉洗净，去筋膜，温水漂洗去膻味；大葱洗净，切斜丝。②羊肉切薄片，放入料汁中腌制片刻。③油锅烧热，放入羊肉片，翻炒至变色，捞出。④锅内留底油，爆香蒜片、葱丝，放入炒好的羊肉片，调入调味料，翻炒均匀。

大葱可补肾气、提高精子质量，与暖肾壮阳的羊肉同炒，非常适合备孕男性食用。

孕前这些杀精食物要少碰

烟酒

　　想要一个健康聪明的宝宝，最好在怀孕前6个月就要戒烟戒酒。烟草中有20多种有害成分，这些有害物质会通过吸烟者的血液直接进入生殖系统，不仅会让精子活力下降，还会引起精子畸形，让怀孕更加困难。酒精是最常见的"精子杀手"，喝酒还会诱发慢性前列腺炎，造成精子不液化、精子活力低、精子畸形率增加等。

咸鱼、腊肉和香肠

　　亚硝胺类化合物是强致癌物，通常在咸鱼、腊肉及腌制品中大量存在。此外，香肠油炸烹制时，在高温下经热解会生成多种有害物质。所以，备孕男性要少吃或不吃咸鱼、腊肉、香肠和腌制食品。

可乐

　　医学专家通过大量的实验证明，可乐若直接与精子接触可以在很短的时间内杀死大量精子，虽然进入人体后，由于要经过血液与胃液的过滤，最终还能否产生同样的危害，虽然不得而知，但建议备孕男性还是少喝或不喝可乐。

咖啡

咖啡中的咖啡因易使备孕男性的副交感神经受到抑制，造成精子数量减少，甚至缺乏性欲。大量摄入咖啡因还会引起前列腺充血肿胀，影响前列腺的正常活动。因此，备孕男性最好远离咖啡、浓茶等含咖啡因较多的饮品。

奶茶

市面上的奶茶，很多都是由奶精、色素、香精、木薯粉（奶茶中的珍珠）制成。其中奶精的主要成分是氢化植物油，这是一种反式脂肪酸。而反式脂肪酸会减少男性激素分泌，会明显降低精子的活力。

油炸、烧烤食物

油炸、烧烤食物是不健康的，其所含的致癌物质丙烯酰胺，对备孕男性的精子有很大影响，易造成精子数量减少、精子活力不足等问题。

动物内脏

很多男性喜欢吃动物内脏，尤其是"猪腰子"。要知道，猪、牛、羊等动物的内脏，都含有重金属镉，这种物质在进入男性体内后，会导致精子数量减少，还有可能造成不育。

4周调理食谱，养出活力精子

第1周：排出毒素，轻松备孕

套餐A	早餐	加餐	午餐	加餐	晚餐	加餐
	土豆蛋卷 牛奶	苹果	米饭 香菇山药鸡 紫菜虾皮豆腐汤	粗粮饼干 酸奶	米饭 木耳炒山药 鲫鱼冬瓜汤	核桃

除了适合备孕男性食用，这份套餐还适合孕妈妈在整个孕期食用。土豆蛋卷还可以搭配着粥、豆浆等作为日常早餐。

土豆富含膳食纤维，容易增加饱腹感，还能带走一部分油脂，具有排毒的作用。

土豆蛋卷

维生素A 膳食纤维 蛋白质 维生素B₂ 硒

原料: 土豆2个，鸡蛋4个，洋葱半个，黑胡椒粉、盐、植物油各适量。

做法: ①土豆洗净，放入锅中蒸熟，捞出晾凉，去皮切丁，撒黑胡椒粉和盐调味；鸡蛋打散，加盐调味；洋葱洗净，切碎。②油锅烧热，炒香洋葱碎，缓缓倒入蛋液，加入土豆丁。③中火加热至蛋液凝固后调小火，煎至金黄色，盛出卷起切段即可。

紫菜虾皮豆腐汤

钙 蛋白质 磷

原料: 紫菜1片，豆腐1块，虾皮、盐、香油、植物油各适量。

做法: ①将豆腐洗净，切小块。②油锅烧热，放入虾皮炒香，倒入清水烧开。③放豆腐块、紫菜煮2分钟，加入盐和香油调味即可。

紫菜除了含有丰富的β-胡萝卜素外，还含有丰富的维生素和矿物质，可帮助排泄身体内的废物和毒素。

木耳炒山药

膳食纤维 磷 维生素C

原料：山药200克，黑木耳5克，青椒、红椒、葱花、蚝油、盐、植物油各适量。

做法：①山药去皮，洗净，切片，用开水烫一下备用；青椒、红椒洗净，切片；黑木耳用温水泡发，洗净。②油锅烧热，加葱花煸炒几下，加山药片、青椒片、红椒片翻炒。③加入黑木耳继续翻炒，加蚝油、盐调味即可。

这么吃有好孕

黑木耳所含的植物胶质有较强的吸附力，可吸附残留在人体消化系统内的杂质，清洁血液。

丰富的膳食纤维具有降脂减肥的功效。如果你的老婆孕期体重增长过快，你可以为她制作这份套餐。

套餐B	早餐	加餐	午餐	加餐	晚餐	加餐
	芝麻烧饼 豆浆	蛋卷	米饭 番茄鸡片 芝麻拌菠菜	全麦面包 牛奶	米饭 鲜蘑炒豌豆 肉丝银芽汤	火龙果

豆芽能清除体内致畸物质，其含有的膳食纤维有助于排出毒素。

肉丝银芽汤

蛋白质 铁 锌 维生素B 膳食纤维

原料:黄豆芽100克，猪肉50克，粉丝25克，盐、植物油各适量。

做法:①猪肉洗净切丝，备用；将黄豆芽择洗干净；粉丝浸泡。②油锅烧热，将黄豆芽、猪肉丝一起入油锅翻炒至猪肉丝变色，加入粉丝、清水、盐，同煮5~10分钟即可。

芝麻拌菠菜

胡萝卜素 维生素B 钾

原料:菠菜300克，黑芝麻1大匙，盐、香油、醋、白糖各适量。

做法:①黑芝麻放入炒锅中，小火炒香。②菠菜洗净切大段，锅中放入适量水和半匙盐，烧开后放入菠菜汆熟，捞出沥干，装盘。③盐、香油、醋、白糖调成料汁，将料汁与菠菜拌匀，撒上黑芝麻即可。

菠菜富含膳食纤维，也是叶酸含量比较高的蔬菜，在烹饪过程中，注意不要煮太久，以免营养流失。

鲜蘑炒豌豆

蛋白质 **膳食纤维** **钙** **镁**

原料: 口蘑100克,豌豆200克,高汤、盐、水淀粉、植物油各适量。

做法: ①口蘑洗净,切成小丁;豌豆洗净。②油锅烧热,放入口蘑丁和豌豆翻炒,加适量高汤,煮至豌豆熟烂,用水淀粉勾芡,加盐调味即可。

这么吃有好孕

口蘑富含膳食纤维,且含有多种抗病毒成分,具有缓解便秘、促进排毒、辅助抗病毒的功效。

第2周：无压力，更好孕

套餐 A	早餐	加餐	午餐	加餐	晚餐	加餐
	小米粥 花卷	火腿奶酪 三明治	米饭 板栗烧牛肉 芹菜腰果炒香菇	苹果	米饭 椒盐玉米 五香带鱼	意式蔬菜汤

香菇高蛋白、低脂肪，芹菜富含膳食纤维和维生素C，二者搭配，有利于消除不良情绪。

芹菜腰果炒香菇

维生素B₆ 膳食纤维 蛋白质 维生素E

原料：芹菜400克，腰果50克，香菇、红彩椒、姜片、盐、白糖、水淀粉、植物油各适量。

做法：①芹菜洗净，切段；红彩椒洗净，切条；香菇去蒂，洗净切片；腰果洗净，沥干。②锅中入清水煮沸，将芹菜段、香菇片焯水，捞出沥干。③油锅烧热，下腰果翻炒炸熟，捞出沥干。④锅内留底油，爆香姜片，放入芹菜段、腰果、红彩椒条、香菇片翻炒均匀，加入盐、白糖调味，用水淀粉勾芡即可。

椒盐玉米

维生素B₁ 谷氨酸 磷 镁

原料：玉米粒半碗，鸡蛋清1个，干淀粉、椒盐、植物油各适量。

做法：①玉米粒中加鸡蛋清搅匀，再加干淀粉搅拌。②油锅烧热，把玉米粒倒进去，过半分钟之后再搅拌，炒至玉米粒呈金黄色。③盛出玉米粒，把椒盐撒在玉米粒上，搅拌均匀即可。

玉米中铜的含量较高，有助改善睡眠。此外，玉米中的谷氨酸也有健脑功效。

意式蔬菜汤

维生素C 膳食纤维 胡萝卜素

原料:胡萝卜、南瓜、西蓝花、白菜各100克,洋葱1个,高汤、橄榄油各适量。

做法:①胡萝卜、南瓜分别洗净,切块;西蓝花洗净掰朵;白菜、洋葱分别洗净,切碎。②锅内放橄榄油,中火加热,放洋葱碎翻炒几分钟至洋葱变软。③放所有蔬菜,翻炒2分钟。④高汤倒入锅中,烧开后转小火炖煮10分钟即可。

这么吃有好孕

此汤富含维生素,具有开胃补虚,改善备孕夫妻乏力倦怠的作用。

套餐B	早餐	加餐	午餐	加餐	晚餐	加餐
	什锦麦片	腰果 猕猴桃	米饭 胡萝卜炒豌豆 宫保鸡丁	芝麻糊	米饭 红烧带鱼 芹菜竹笋汤	牛奶

这份套餐的铁和膳食纤维含量丰富，不仅是备孕男性的滋补佳品，还适合孕妈妈在整个孕期食用。

葡萄干中铁和钙含量丰富，还含有多种矿物质和维生素、氨基酸，有助于缓解精神紧张。

什锦麦片

铁 维生素B **膳食纤维** DHA

原料： 即食燕麦片100克，核桃仁50克，杏仁、葡萄干、榛子各20克，牛奶250毫升，白糖、植物油各适量。

做法： ①榛子、杏仁、核桃仁、葡萄干剁碎，放入锅中干炒，炒至出香盛出备用。②油锅烧热，翻炒即食燕麦片至变色，加入白糖继续翻炒至燕麦片呈褐色，加入坚果碎，翻炒均匀。③盛出放凉后，用热牛奶冲泡即可。

芹菜的含铁量较高，且富含膳食纤维，既能增进食欲，又可以很好地缓解压力。

芹菜竹笋汤

膳食纤维 维生素C **蛋白质**

原料： 芹菜100克，竹笋、猪肉丝、盐、干淀粉、高汤、料酒各适量。

做法： ①芹菜择洗干净，切段；竹笋洗净，切丝；猪肉丝用盐、干淀粉腌5分钟。②高汤煮开后，放入芹菜段、竹笋丝，加适量清水煮至芹菜熟软，再加猪肉丝。③待汤煮沸加入料酒，肉熟后加盐调味。

宫保鸡丁

蛋白质 镁 DHA

原料: 去骨琵琶腿2个, 花生100克, 姜片、干辣椒、干淀粉、醋、生抽、蚝油、白糖、植物油各适量。

做法: ①去骨琵琶腿洗净, 切成丁, 用蚝油、干淀粉、姜片腌制; 花生浸泡15分钟后, 剥去红衣; 干辣椒去籽剪成段; 将蚝油、醋、白糖、干淀粉、生抽调成酱汁。②花生下凉油锅, 炸至外表焦黄后捞出, 控油备用。③油锅烧热, 爆香姜片、干辣椒, 放入鸡丁、酱汁, 翻炒至酱汁浓稠, 撒上花生, 翻炒均匀即可。

这么吃有好孕

鸡肉富含蛋白质, 且含有较多的油酸和亚油酸, 而饱和脂肪酸和胆固醇含量相对猪肉、牛肉、羊肉更低, 很适合备孕期食用。

第3周：补肾壮阳这样吃

套餐A	早餐	加餐	午餐	加餐	晚餐	加餐
	雪菜肉丝汤面	粗粮饼干 牛奶	米饭 板栗烧牛肉 时蔬拌蛋丝	水果沙拉	咸蛋黄烩饭 芥菜干贝汤	开心果

锌除了能维持男性生殖系统的正常功能，也是新生儿需要从母乳中获得的重要营养素，此套餐还适合哺乳妈妈食用。

牛肉中富含的锌可以防止因缺锌而导致的睾丸激素含量降低。备孕男性每周吃1~2次为宜。

板栗烧牛肉

维生素B 铁 蛋白质 维生素C 钾

原料: 牛肉150克，板栗6颗，姜片、葱段、盐、料酒、植物油各适量。

做法: ①牛肉洗净，入开水锅中焯透，切成块；板栗大火煮沸，捞出去壳，对半切开。②油锅烧热，下板栗炸2分钟，再将牛肉块炸一下，捞起，沥去油。③锅中留适量底油，下入葱段、姜片，炒出香味时，下牛肉块、盐、料酒、清水。④当水沸腾时，撇去浮沫，改用小火炖，待牛肉块炖至将熟时，下板栗，烧至牛肉熟烂时收汁即可。

芥菜干贝汤

锌 维生素C

原料: 芥菜250克，干贝5只，高汤、葱花、姜末、香油、盐各适量。

做法: ①将芥菜洗净后切段；干贝用温水浸泡后再入沸水锅煮软。②锅中加高汤，放入芥菜、干贝、葱花、姜末，稍煮入味，最后滴入香油，加盐调味即可。

干贝含锌丰富，能维持男性生殖系统的正常结构和功能。

时蔬拌蛋丝

蛋白质 β-胡萝卜素

原料: 鸡蛋3个, 香菇6朵, 胡萝卜、干淀粉、料酒、醋、生抽、白糖、盐、香油、植物油各适量。

做法: ①香菇洗净, 去蒂切丝, 焯熟; 胡萝卜洗净, 去皮, 切丝, 入油锅煸炒; 将盐、醋、生抽、白糖、香油调成料汁; 干淀粉入料酒调匀; 鸡蛋加盐打散, 倒入料酒淀粉汁。②油锅烧热, 倒入蛋液, 摊成饼, 盛出, 切丝。③鸡蛋丝、胡萝卜丝、香菇丝码盘, 淋上料汁拌匀即可。

这么吃有好孕
鸡蛋中含有蛋白质、卵磷脂等营养成分, 与香菇搭配可起到营养互补的作用。

套餐B

	早餐	加餐	午餐	加餐	晚餐	加餐
	什锦面	牛奶燕麦片	黑豆饭 糖醋圆白菜 清蒸鲈鱼	猕猴桃	米饭 青椒土豆丝 山药虾仁	香蕉

此套餐不仅适合身材偏胖的备孕男性，也是孕期体重增长较快的孕妈妈的理想套餐。

虾肉肉质鲜嫩，口感极佳。备孕男性食用，具有温补肾阳、强身的作用。

山药虾仁

蛋白质 钙 膳食纤维

原料: 山药200克，虾仁100克，胡萝卜50克，鸡蛋清1个，盐、胡椒粉、干淀粉、醋、料酒、植物油各适量。

做法: ①山药去皮，洗净，切片，放入沸水中焯烫；虾仁洗净，去虾线，用鸡蛋清、盐、胡椒粉、干淀粉腌制片刻；胡萝卜洗净，去皮，切片。②油锅烧热，下虾仁炒至变色，捞出备用。③锅内留底油，放入山药片、胡萝卜片同炒至熟，放入虾仁，加醋、料酒、盐，翻炒均匀即可。

黑豆饭作为杂粮主食，可隔一段时间吃一次，做到粗细粮搭配，均衡营养。

黑豆饭

碳水化合物 蛋白质 B族维生素

原料: 黑豆30克，糙米20克。

做法: ①黑豆、糙米洗净，提前一晚浸泡。②黑豆、糙米加水，倒入电饭煲煮熟即可。

清蒸鲈鱼

蛋白质 B族维生素 锌

原料: 鲈鱼1条,香菇4朵,熟火腿40克,笋片30克,香菜叶、盐、料酒、酱油、姜丝、葱丝各适量。

做法: ①鲈鱼处理干净,鱼身两面斜切几刀,放入蒸盘中;香菇洗净,切片,摆在鱼身内及周围处。②火腿切片,与笋片一同码在鱼身上;将姜丝、葱丝放入鱼盘,加盐、酱油、料酒。③锅中加适量水,大火烧开,放入蒸屉、鱼盘,大火蒸8~10分钟,转小火蒸至鱼熟后取出,撒上香菜叶即可。

这么吃有好孕

鲈鱼肉的热量不高,且富含抗氧化成分。吃鲈鱼既能保证营养的摄入,又不必担心因吃太多而营养过剩。

第4周：吃出强壮的精子

套餐A	早餐	加餐	午餐	加餐	晚餐	加餐
	小米红枣粥 鸡蛋	粗粮饼干 牛奶	米饭 韭菜炒虾仁 豆豉鱿鱼	水果沙拉	米饭 杏鲍菇炒肉 白萝卜海带汤	榛子

此套餐富含蛋白质，蛋白质是生成精子的重要营养素，也是怀孕女性所必需的，特别是孕中后期。

韭菜具有补肾起阳的作用，搭配蛋白质丰富的虾仁，可提高精子质量。

韭菜炒虾仁

`蛋白质` `钙` `叶酸` `维生素B₂`

原料: 鲜虾仁300克，韭菜150克，葱花、姜末、盐、植物油各适量。

做法: ①韭菜洗净切段；虾仁洗净。②油锅烧热，爆香葱花、姜末，放入虾仁煸炒2分钟，迅速倒入韭菜翻炒至熟，放盐调味即可。

此菜不仅味道鲜美，而且含有丰富的优质蛋白、脂肪酸、钙、铁和维生素C，能增强体质。

杏鲍菇炒肉

`铁` `蛋白质` `维生素B₂` `钾`

原料: 猪里脊肉120克，杏鲍菇1个，黄瓜半根、盐、白糖、鸡蛋清、酱油、植物油各适量。

做法: ①杏鲍菇切片用开水焯一下；猪里脊肉洗净切片，用盐、白糖和鸡蛋清腌一会；黄瓜洗净，切片。②油锅烧热，倒入猪里脊肉片炒至颜色变白，倒入酱油、黄瓜片翻炒片刻。③倒入杏鲍菇片翻炒，加盐调味。

豆豉鱿鱼

钙 磷 铁 镁 蛋白质 硒

原料: 鱿鱼1条,豆豉酱、彩椒、葱段、姜片、植物油各适量。

做法: ① 鱿鱼去内脏、眼、嘴,撕黑膜,内层切花刀;彩椒洗净,切片。
② 鱿鱼入沸水锅,焯至变白卷起,捞出沥干。
③ 油锅烧热,爆香葱段、姜片,加入豆豉酱翻炒均匀,放入彩椒片和鱿鱼,大火翻炒至熟即可。

这么吃有好孕
此菜有壮阳益精、养心固肾的功效,鱿鱼富含钙、磷、铁,适合备孕男性食用,以提高精子质量。

套餐B	早餐 鸡汤馄饨	加餐 紫菜包饭	午餐 米饭 彩椒牛肉粒 番茄烧茄子	加餐 粗粮饼干 牛奶	晚餐 西蓝花培根意面 罗宋汤	加餐 榛子

不管是备孕还是怀孕,感冒发热都有一定的危害,通过摄入足量维生素有助于提高身体抵抗力。

番茄中的番茄红素有助于保健前列腺,提高精子活力和浓度。

番茄烧茄子

番茄红素 胡萝卜素 花青素

原料: 茄子2根,番茄2个,青椒1个,姜末、盐、白糖、酱油、植物油各适量。

做法: ①茄子、番茄分别洗净,切块;青椒洗净,切片。②油锅烧热,放入姜末炒香,再放茄子块煸炒至变软,盛出。③另起油锅,烧热,放入番茄块翻炒,放入适量盐、白糖、酱油,再倒入茄子块、青椒片继续煸炒,直至番茄块的汤汁全部炒出即可。

彩椒牛肉粒

维生素A 蛋白质 维生素C

原料: 牛肉200克,冬笋50克,彩椒100克,葱花、料酒、酱油、干淀粉、蚝油、盐、植物油各适量。

做法: ①牛肉洗净,擦干,切丁,用料酒、酱油、干淀粉腌30分钟;冬笋洗净切丁;彩椒洗净切条。②油锅烧热,爆香葱花,放入牛肉丁,翻炒至变色,加入冬笋丁翻炒3分钟,加彩椒条、蚝油翻炒均匀,加盐调味。

牛肉中B族维生素含量丰富。此菜可以提高备孕男性的抗病能力,提高精子的质量。

西蓝花培根意面

维生素 © 碳水化合物

原料: 通心粉400克,西蓝花200克,培根200克,柠檬半个,盐、橄榄油、植物油各适量。

做法: ①西蓝花洗净,掰小朵;培根切碎,用盐腌制。②油锅烧热,放入腌好的培根碎,翻炒至呈金黄色。③另起一锅,加水烧开,放入通心粉,快煮熟时放入西蓝花,全部煮好时捞出沥干。④将煮熟的通心粉和西蓝花盛入盘中,撒上培根碎,淋上橄榄油,挤入适量柠檬汁即可。

这么吃有好孕

西蓝花中维生素含量丰富。此菜可以提高备孕男性的抗病能力,提高精子的质量。

99

Part 5

夫妻备孕餐单，
让精子和卵子
更好会合

孕前6个月黄金配餐推荐

家庭餐桌1

补钙套餐

从备孕开始就要坚持好好吃饭、补足营养。除了备孕期要补钙，怀孕后常食高钙食物，有助于缓解孕期腿抽筋。

奶酪含钙丰富，一周1次，不宜过量。

虾仁和西蓝花的搭配，营养全面还不长胖。

牛奶加香菇，营养互补口感佳。

火腿奶酪三明治

蛋白质 钙 锌 维生素B 膳食纤维

原料: 全麦吐司2片,生菜叶1片,番茄1个,奶酪、火腿、番茄酱各适量。

做法: ①生菜叶洗净;番茄洗净后切成片;火腿切片。②在一片全麦吐司上依次铺上生菜叶、番茄片、奶酪、火腿片,涂抹番茄酱,盖上另一片全麦吐司,对角切开即可。

虾仁西蓝花

钙 维生素C 膳食纤维 蛋白质

原料: 西蓝花100克,虾仁50克,彩椒、鸡蛋清、盐、姜片、蚝油、植物油各适量。

做法: ①虾仁洗净,去除虾线,加入鸡蛋清拌匀;西蓝花洗净掰成小朵;彩椒洗净切片。②油锅烧热,爆香姜片,倒入西蓝花、彩椒片翻炒均匀,倒入裹好鸡蛋清的虾仁,调入蚝油、盐,炒匀即可。

奶香香菇汤

B族维生素 蛋白质 钙

原料: 香菇250克,牛奶125毫升,洋葱半个,面粉、盐、黑胡椒粉、黄油各适量。

做法: ①香菇洗净,沥干水,切片;洋葱洗净,切末。②热锅放入黄油,待黄油熔化后放入面粉翻炒1分钟,盛出备用。③用锅中剩余黄油翻炒洋葱末、香菇片片刻,倒入牛奶、适量水及炒过的面粉,搅匀。④调入盐、黑胡椒粉,搅拌均匀即可。

这么吃有好孕

牛奶中蛋白质、钙、维生
素A、维生素D的含量
高，且易被人体吸收利
用，备孕夫妻每天饮用
250~500毫升为宜。

这么吃有好孕

虾肉中富含钙质，
并且脂肪含量低，
适合经常食用。

这么吃有好孕

全麦吐司属于粗粮，
常吃可以防治便秘，
建立有效肠道菌群。
火腿不宜用火腿肠
代替。

家庭餐桌2
振奋食欲

备孕期要多吃有助受孕的食物，怀孕后则可以通过饮食缓解身体不适。孕早期妊娠反应严重的女性，吃此套餐有助于增强食欲。

🍅 番茄营养丰富，熟食营养吸收效果更佳。

🥔 土豆热量少，可作为身材偏胖备孕夫妻的理想主食。

🍚 日常可变换着选用不同米类。

香煎米饼

碳水化合物 蛋白质 维生素A 锌

原料: 米饭100克, 鸡肉50克, 鸡蛋2个, 葱花、盐、植物油各适量。

做法: ①米饭搅散; 鸡肉洗净, 切末; 鸡蛋打散。②米饭加入鸡肉末、鸡蛋液、葱花和盐搅拌均匀。③平底锅倒入油摇晃均匀, 将搅拌好的米饭平铺, 小火加热至米饼成形, 翻面后继续煎1~2分钟即可。

孜然土豆丁

维生素C 碳水化合物 维生素B₂ 钾

原料: 土豆250克, 孜然、盐、黑胡椒粉、黑芝麻、植物油各适量。

做法: ①土豆洗净, 去皮, 切成丁。②油锅烧热, 放入土豆丁翻炒至变软, 调入孜然、盐、黑胡椒粉、黑芝麻翻炒均匀即可。

罗宋汤

番茄红素 膳食纤维

原料: 番茄1个, 胡萝卜半根, 圆白菜100克, 番茄酱、白糖、黄油各适量。

做法: ①番茄洗净, 去皮切丁; 胡萝卜洗净切丁; 圆白菜洗净切丝。②锅内放入黄油, 中火加热, 待黄油半熔后, 加入番茄丁, 炒出香味, 加入番茄酱。③锅内加水, 放入胡萝卜丁, 炖煮至胡萝卜丁绵软、汤汁浓稠。④加入圆白菜丝, 再煮10分钟, 出锅前加白糖调味即可。

这么吃有好孕

番茄中的番茄红素有助于提高精子活力，也可加入牛肉丁、洋葱同煮，满足味蕾的同时，也不用担心会发胖。

这么吃有好孕

大米富含碳水化合物，与鸡蛋、鸡肉搭配做成米饼，可以当主食，而且营养价值较高。

这么吃有好孕

土豆含有大量膳食纤维，能宽肠通便，帮助身体及时代谢毒素。

家庭餐桌3

补蛋白质和钙

由于孕期对钙和蛋白质的需求逐渐增加，特别是孕晚期最后2个月，除了多喝牛奶，在孕前6个月，就可选择含钙丰富的食材搭配成套餐来补钙和蛋白质。

🍜 清爽开胃的拌面适合夏天缺乏食欲时食用。

🐟 一般建议每周食用2~3次鱼。

🥣 每次食用涨发的干贝50~100克即可。

麻酱拌面

`维生素B` `碳水化合物` `铁` `维生素E`

原料：面条100克，黄瓜半根，香菜、芝麻酱、生抽、盐、白糖、香油、白芝麻、花生仁、植物油各适量。

做法：①黄瓜洗净，切丝；香菜洗净，切碎；混合芝麻酱、生抽、盐、白糖和香油，调成酱汁。②油锅烧热，小火翻炒白芝麻、花生仁至出味，盛出碾碎备用。③面条放入沸水中，煮熟后过凉淋干，盛盘。④将酱汁淋在面上，撒上黄瓜丝、香菜碎、花生芝麻碎即可。

柠檬煎鳕鱼

`蛋白质` `DHA` `钾` `钙`

原料：鳕鱼肉1块，柠檬1个，盐、鸡蛋清、水淀粉、植物油各适量。

做法：①柠檬洗净，去皮榨汁；将鳕鱼清洗干净，切小块，加入盐、柠檬汁腌制片刻。②将腌制好的鳕鱼块裹上鸡蛋清和水淀粉。③油锅烧热，放入鳕鱼煎至两面金黄即可。

鸡蓉干贝

`蛋白质` `维生素B` `锌`

原料：鸡胸肉100克，干贝碎末80克，鸡蛋2个，高汤、盐、香油、植物油各适量。

做法：①鸡胸肉洗净，剁成蓉，兑入高汤，打入鸡蛋，用筷子快速搅拌均匀，加入干贝碎末、盐拌匀。②油锅烧热，将以上食材下入，翻炒，待鸡蛋凝结成形时，淋入香油即可。

这么吃有好孕

这道菜可以为备孕夫妻提供充足的能量，也是补充B族维生素和微量元素的好选择。

这么吃有好孕

正在备孕的女性，多吃一些富含优质蛋白质的食物，有助于卵泡的发育。

这么吃有好孕

鳕鱼脂肪含量低，所含的钙容易被人体吸收，可以预防备孕夫妻缺钙。

家庭餐桌4

预防贫血

备孕夫妻在饮食安排上既不可忽略蔬菜水果,当然也要吃肉,特别是怀孕后的女性,容易出现缺铁性贫血,这份套餐含铁丰富,可在备孕期间和整个孕期食用。

- ◎ 咸蛋黄钠含量较高,一次吃半个即可。
- 🗔 豆腐营养价值与牛奶相近,是牛奶较好的替代品。
- 🍃 豆角中的维生素C能促进人体对排骨中铁的吸收。

咸蛋黄烩饭

碳水化合物 胡萝卜素 维生素B

原料:米饭100克,咸蛋黄半个,胡萝卜、香菇、蒜苗、葱花、盐、植物油各适量。

做法:①米饭打散;咸蛋黄压成泥;胡萝卜洗净,切丁;香菇洗净,切丁;蒜苗洗净,去根切丁。②油锅烧热,爆香葱花,放入咸蛋黄泥翻炒出香味,加入胡萝卜丁、香菇丁、蒜苗丁翻炒均匀,加入米饭炒至饭粒松散,加盐调味即可。

宫保豆腐

蛋白质 钙 钾 DHA

原料:北豆腐250克,熟花生仁、花椒、姜末、葱花、豆瓣酱、酱油、料酒、白糖、醋、香油、盐、水淀粉、植物油各适量。

做法:①北豆腐洗净,切丁;将酱油、料酒、白糖、醋、香油和盐调成料汁。②油锅烧热,放入豆腐丁,炸至表面金黄,捞出备用。③油锅烧热,爆香花椒、姜末、葱花、豆瓣酱,倒入调好的料汁,加入豆腐丁、花生仁,翻炒均匀,再加入水淀粉勾芡,收汁即可。

豆角炖排骨

蛋白质 铁 维生素C

原料:猪排骨400克,豆角250克,姜片、生抽、蚝油、白糖、植物油各适量。

做法:①将猪排骨洗净,剁成小段;豆角洗净,切段。②油锅烧热,爆香姜片,倒入猪排骨,加入生抽、蚝油和白糖,翻炒至排骨变色,加水,用大火烧沸。③调小火,倒入豆角,炖煮至排骨熟烂即可。

这么吃有好孕

排骨可以提供必需的优质蛋白质、脂肪，尤其是丰富的铁，可有效预防贫血。

这么吃有好孕

咸蛋黄中铁和钙含量丰富，偶尔食用，可以改善食欲。

这么吃有好孕

宫保豆腐没有了鸡肉同样美味，讨厌油腻、不想吃肉的备孕女性不妨选用。豆瓣酱含盐分，所以加盐时要适量减少。

能量套餐

此套餐不仅适合备孕夫妻孕前6个月储备能量，也适合给孕中晚期的孕妈妈补充碳水化合物和脂肪，为分娩做好准备。

🥄 茄子油炸后可用吸油纸去除多余油脂。

🐟 鱼肉蛋白质含量比较多、脂肪含量较少，还含有大量的不饱和脂肪酸，一周可食用2~3次。

青菜海米烫饭

`碳水化合物` `钙` `膳食纤维`

原料： 米饭100克，海米20克，青菜、盐、香油各适量。

做法： ①海米提前浸泡2小时；青菜洗净，入沸水中焯熟，过凉水，沥干，切碎。②清水煮沸，倒入米饭，转小火至米粒破裂，放入青菜碎、海米，加盐调味，淋上香油即可。

时蔬鱼丸

`蛋白质` `胡萝卜素` `叶酸`

原料： 洋葱、胡萝卜、鱼丸、西蓝花各30克，盐、白糖、酱油、植物油各适量。

做法： ①洋葱、胡萝卜分别去皮，洗净切丁；西蓝花洗净，掰小朵。②油锅烧热，倒入洋葱丁、胡萝卜丁，翻炒至熟，加水烧沸，放入鱼丸、西蓝花，熟后加盐、白糖、酱油调味即可。

油焖茄条

`胡萝卜素` `膳食纤维` `钾`

原料： 茄子1个，胡萝卜半根，鸡蛋1个，水淀粉、盐、醋、植物油各适量。

做法： ①鸡蛋打散；茄子去蒂，洗净去皮，切条，放入鸡蛋液和水淀粉中挂糊抓匀；胡萝卜洗净，切丝；碗内放盐、醋，兑成汁。②油锅烧热，把茄条炸至金黄色，盛出备用。③锅内留底油，烧热后放胡萝卜丝，再放茄条，倒入兑好的汁，翻炒几下装盘。

这么吃有好孕

鱼丸高蛋白，还富含维生素A、铁、钙、磷等营养素，味道鲜美，多吃不腻。

这么吃有好孕

若将茄子放入沸水中煮至七八成熟捞出，或隔水蒸后再做，可以让茄子少吸油，减少营养物质的流失。

这么吃有好孕

烫饭清淡可口，且富含碳水化合物、蛋白质和膳食纤维，可以给备孕夫妻快速补充能量。

111

家庭餐桌6

排毒套餐

备孕和怀孕期间，一味追求"补"，只会适得其反。这份套餐包含了清淡的粥和开胃的菜，易消化吸收，还有助于改善食欲和排毒。孕早期食欲不佳的孕妈妈也可选用此套餐。

- 除了与胡萝卜搭配，玉米和红豆煮粥，有提高食欲的作用。
- 带皮鸡肉含有较多的脂类物质，较肥的鸡最好去掉鸡皮再烹制。

玉米胡萝卜粥

胡萝卜素 碳水化合物

原料:大米、玉米粒、胡萝卜各50克。

做法:①胡萝卜洗净，去皮切丁；玉米粒洗净。②大米洗净后浸泡30分钟。③将大米、胡萝卜丁、玉米粒一同放入锅内，加清水煮至大米、玉米粒熟透即可。

毛豆烧芋头

碳水化合物 钙 B族维生素 镁

原料:芋头200克，毛豆50克，盐、植物油各适量。

做法:①芋头洗净，去皮，切块；毛豆洗净。②油锅烧热，下芋头块翻炒，加水和毛豆焖煮，直至芋头块熟透，加盐调味即可。

土豆烧鸡块

蛋白质 维生素C 膳食纤维

原料:鸡翅、土豆各200克，椰浆50毫升，红椒、青椒、盐、白糖、植物油各适量。

做法:①将鸡翅清洗，剁成小块；土豆洗净，去皮，切成小块。②油锅烧热，放入鸡块，用小火煎制，捞出；放入土豆块，煎至变色。③倒入鸡块，加清水和除椰浆外的所有调料和食材，大火烧开，改小火炖15分钟，出锅时倒入椰浆即可。

这么吃有好孕

这碗粥含有丰富的胡萝卜素,具有明目、调节新陈代谢的作用,可以作为日常的早餐食用。

这么吃有好孕

芋头可纠正备孕夫妻微量元素缺乏导致的生理异常,同时能增进食欲助消化。

这么吃有好孕

土豆中的膳食纤维能够促进脂肪的代谢,防止体内脂肪积存,与鸡肉同煮,营养互补且不易长胖。

孕前3个月黄金配餐推荐

家庭餐桌1

日常调理

一日三餐直接关系着人体健康，备孕和怀孕期间，所吃的食物品种应多样化，还要注意荤素搭配、粗细粮搭配。

- 脾胃虚弱的备孕夫妻要少吃荷兰豆。
- 玉米和大米粗细粮搭配，可提高营养价值。
- 牛腩搭配番茄，荤素搭配，可平衡膳食营养。

玉米红豆粥

膳食纤维 碳水化合物

原料: 红豆30克，大米30克，玉米糁40克。

做法: ①大米、玉米糁洗净，分别浸泡30分钟。②红豆洗净，提前一晚浸泡，上蒸锅蒸熟。③锅中放入玉米糁、红豆和适量水，大火烧沸后改小火，放入大米熬煮。④煮至粥黏稠即可。

番茄炖牛腩

铁 蛋白质 番茄红素

原料: 牛腩250克，番茄、土豆各1个，洋葱、姜片、生抽、冰糖、盐、植物油各适量。

做法: ①牛腩洗净，切块；土豆、番茄分别洗净，去皮，切块；洋葱切丁。②油锅烧热，爆香姜片、洋葱丁，放牛腩块翻炒至变色，放入番茄块、生抽、冰糖，加水没过牛腩块，炖煮1小时。③将土豆块放入锅中，炖熟，加盐调味。

土豆拌荷兰豆

维生素C 钾 B族维生素

原料: 小土豆5个，荷兰豆100克，芦笋3根，蒜末、盐、醋、白糖、橄榄油各适量。

做法: ①小土豆洗净，切成4块放入碗中，加盐、橄榄油，放入预热到200℃的烤箱中层，烤30~40分钟。②荷兰豆洗净；芦笋洗净去根，切段；将荷兰豆和芦笋放入开水中焯2分钟，取出过凉水沥干。③蒜末、盐、醋、白糖和橄榄油混合搅拌，至盐和白糖溶化，制成调料汁。④小土豆块、荷兰豆和芦笋放入盘中，淋上调料汁即可。

这么吃有好孕

土豆经过烤制后热量会有所提升，偏胖的备孕夫妻可以直接将三种食材同炒。

这么吃有好孕

玉米中含有丰富的膳食纤维，可以刺激胃肠蠕动，防治便秘。玉米还能阻碍人体吸收过量的葡萄糖，抑制饭后血糖过快升高。

这么吃有好孕

此菜不仅汤浓味美，酸甜适口，而且营养均衡。番茄热量低，是番茄红素、维生素C和叶酸的较好来源。

115

家庭餐桌2

补充维生素

备孕和怀孕期间, 夫妻要多花时间平衡膳食, 特别是在孕中期, 胎宝宝进入快速发育阶段, 对钙和维生素的需求量也在增加。

- 蛋饼可搭配着粥、豆浆等作为早餐同食。
- 四季豆烹煮时间适当延长, 保证熟透。
- 虾仁中钙和镁的比例是适于人体吸收的较佳比例。

咖喱鲜虾乌冬面

碳水化合物 钙 维生素C

原料: 乌冬面200克, 新鲜对虾2只, 番茄1个, 洋葱、鱼丸、咖喱块、奶酪、盐、植物油各适量。

做法: ①新鲜对虾洗净, 剪去虾须、挑去虾线; 番茄洗净去皮, 切丁; 洋葱去皮, 切丁。②油锅烧热, 爆香洋葱, 放入番茄翻炒至出汤汁, 加水, 放入咖喱块、奶酪至溶化, 放入虾、鱼丸、乌冬面。③中火煮4分钟, 加盐调味即可。

橄榄菜炒四季豆

膳食纤维 钾 维生素C 叶酸

原料: 四季豆400克, 橄榄菜50克, 葱花、盐、植物油各适量。

做法: ①将四季豆洗净, 掐成段。②油锅烧热, 爆香葱花, 下四季豆翻炒。③快要炒熟时加橄榄菜炒匀, 用盐调味即可。

台式蛋饼

蛋白质 碳水化合物 叶酸 维生素A

原料: 鸡蛋1个, 圆白菜80克, 面粉80克, 葱花、盐、植物油各适量。

做法: ①面粉加盐和水混合成面糊; 鸡蛋打散, 加入葱花和盐, 搅拌均匀; 圆白菜洗净, 放入沸水中断生, 捞出沥干, 切丝。②油锅烧热, 倒入面糊摊成面饼, 把蛋液倒在面饼上, 待蛋液凝固, 翻面继续煎, 半分钟后出锅。③把圆白菜丝包入蛋饼中卷成卷, 切成小段即可。

这么吃有好孕

四季豆中的膳食纤维对人体十分有益，便秘的备孕夫妻可适当多吃。

这么吃有好孕

圆白菜含有丰富的叶酸，而叶酸是备孕夫妻需要重点补充的营养素，所以，备孕夫妻可适当多吃。圆白菜还可以增进食欲，促进消化，预防便秘。

这么吃有好孕

乌冬面的热量中等，在煮的过程中会吸收大量的水分，即使是偏胖的备孕夫妻也可食用，因为能产生较强的饱腹感。配上虾、番茄等，既能补充营养又可以增进食欲。

117

家庭餐桌3
能量储备

从备孕开始就要改掉节食的习惯，补充适量脂肪和碳水化合物，一直到怀孕后，特别是孕早中期，要为孕晚期和分娩储备能量。

平衡膳食还可以调节体内微量元素水平，预防微量元素缺乏。

- 植物油及坚果类食物含有的热量非常高，不应过量食用，以每天1小把（10克）为宜。
- 海带这类含碘比较丰富的食材，一般一周吃1次即可，不需要吃太多。

黑芝麻饭团

钙 铁 维生素E

原料： 糯米、大米各30克，红豆50克，黑芝麻、白糖各适量。

做法： ①黑芝麻炒熟；糯米、大米洗净，放入电饭煲中加水煮熟。②红豆浸泡后，放入锅中煮熟烂，捞出，加白糖捣成泥。③盛出米饭，包入适量红豆泥，双手捏紧成饭团状，再滚上一层黑芝麻即可。

番茄鸡片

蛋白质 胡萝卜素 维生素C

原料： 鸡肉100克，荸荠5个，番茄1个，盐、水淀粉、白糖、植物油各适量。

做法： ①鸡肉洗净，切片，放入碗中，加入盐、水淀粉腌制。②荸荠洗净，再去皮，切片；番茄洗净，切丁。③油锅烧热，放入鸡片，炒至变白，放入荸荠片、番茄丁、盐、白糖，加清水，烧开后用水淀粉勾芡即可。

海米海带丝

碘 钙 膳食纤维

原料： 海带丝200克，土豆50克，红甜椒、海米、盐、香油、植物油各适量。

做法： ①红甜椒、土豆洗净，切丝。②油锅烧热，将红甜椒丝以微火略煎一下，盛起。③锅中加清水烧沸，将海带丝、土豆丝和海米煮熟软，捞出装盘，待凉后将红甜椒丝撒入，加盐、香油拌匀。

这么吃有好孕

鸡肉和牛肉、猪肉相比，含有较多的不饱和脂肪酸——亚油酸和亚麻酸，可以降低对健康不利的低密度脂蛋白胆固醇的含量。

这么吃有好孕

黑芝麻富含蛋白质、不饱和脂肪酸、钙、铁、维生素E等营养素，且黑芝麻的营养素含量明显高于白芝麻。制成点心或菜肴，增加营养含量。

这么吃有好孕

海米富含钙、磷等多种对人体有益的微量元素，是获得钙的较好来源。

家庭餐桌4

补铁
套餐

充足营养是保证成功孕育宝宝的重要条件之一，而怀孕时所需的营养素普遍比备孕时期要多，在备孕期间就要注意营养元素的合理补充。此套餐搭配合理，营养元素丰富，不仅适合备孕期，也适合整个孕期食用。

🍄 香菇肉厚味香，适合与肉类同炒。

🦪 黑木耳加猪肉，补铁效果更好。

🥦 菜花无论炒食还是榨汁，都有助人体补充维生素C。

香菇鸡汤面

蛋白质 碳水化合物

原料：细面条200克，鸡胸肉100克，青菜1棵，香菇4朵，鸡汤、盐、植物油各适量。

做法：①鸡胸肉洗净、切片，锅中倒水，放入鸡肉片，加盐，煮熟盛出。②青菜洗净，入沸水焯后切断；香菇入油锅略煎；鸡汤加盐调味。③煮熟的面条盛入碗中，青菜、香菇和鸡胸肉摆面条上，淋上热鸡汤。

三丝黑木耳

蛋白质 铁 维生素C 维生素B 磷 硒

原料：猪瘦肉150克，黑木耳30克，甜椒、蒜末、盐、酱油、干淀粉、植物油各适量。

做法：①黑木耳泡发好，洗净，切丝；甜椒洗净，切丝。②猪瘦肉洗净切丝，加酱油、干淀粉腌15分钟。③油锅烧热，用蒜末炝锅，放入猪肉丝翻炒，再将木耳丝、甜椒丝放入炒熟，放盐调味即可。

炒菜花

钾 维生素C 胡萝卜素

原料：菜花250克，胡萝卜半根，高汤、盐、葱丝、姜丝、香油、植物油各适量。

做法：①菜花洗净，掰小朵，焯一下；胡萝卜洗净，切片。②油锅烧热，爆香葱丝、姜丝，放菜花、胡萝卜片翻炒，加盐调味，加高汤烧开。③小火煮5分钟后，淋香油即可。

这么吃有好孕

有些女性只喝鸡汤不吃鸡肉。其实，大部分蛋白质都在鸡肉里，汤中只有少量的氨基酸，虽然味道鲜美，但实际营养价值并没有鸡肉高，所以应该既喝汤又吃肉。

这么吃有好孕

菜花富含膳食纤维，能促进肠胃蠕动，有助于清除宿便，改善便秘症状。胡萝卜中的胡萝卜素可以增强免疫力，预防备孕和怀孕女性感冒。

这么吃有好孕

黑木耳含铁量高，比动物性食品中含铁量最高的猪肝还高7倍，是植物性食物中的补铁"高手"。

家庭餐桌5
改善睡眠质量

备孕夫妻要改正晚睡的不良习惯，保证优质睡眠，有些孕妈妈睡觉时容易出现腿抽筋症状，如果是由缺钙所致，可以通过食用此套餐补钙，还有助于睡眠。

- 偏胖的备孕夫妻吃南瓜时可减少主食量。
- 松仁所含的油脂较多，建议每天摄入10粒左右。
- 什锦饭由多种食物搭配，营养成分相对均衡。

南瓜浓汤
`胡萝卜素` `钙`

原料：南瓜300克，牛奶200毫升，黄油10克，洋葱丁适量。

做法：①南瓜去皮去子，切块。②锅内加黄油熔化，放入洋葱丁翻炒至变软。③再加入南瓜块、牛奶，煮至南瓜块软烂，搅拌均匀即可。

松仁鸡肉卷
`蛋白质` `钙` `亚油酸`

原料：鸡肉100克，虾仁50克，松仁20克，胡萝卜碎丁、鸡蛋清、干淀粉、盐、料酒各适量。

做法：①将鸡肉洗净，切成薄片。②虾仁洗净，切碎，剁成蓉，加入胡萝卜碎丁、盐、料酒、鸡蛋清和干淀粉搅匀。③在鸡肉片上放虾蓉胡萝卜碎和松仁，卷成卷儿，入蒸锅大火蒸熟。

什锦饭
`碳水化合物` `维生素B` `胡萝卜素`

原料：大米100克，香菇、黄瓜、胡萝卜、青豆各30克，盐适量。

做法：①香菇、黄瓜、胡萝卜分别洗净，切丁；大米、青豆分别淘洗干净。②将所有食材放入锅内，加少许盐，加水，用电饭锅煮熟即可。

这么吃有好孕
香菇的营养堪比肉类食物，与各类蔬菜搭配着吃，能促进人体对多种食物营养的吸收。

这么吃有好孕
松仁有优质植物蛋白，鸡肉和虾仁含有优质动物蛋白，两类蛋白质互补，适合备孕夫妻当早餐食用。

这么吃有好孕
南瓜含有丰富的维生素和矿物质，与含蛋白质丰富的牛奶一同煮食，营养互补。

123

家庭餐桌6

提升免疫力

吃对、吃好有利于优生优育及顺利度过孕产期，此套餐菜品丰富、做法新颖，有助于备孕夫妻提高免疫能力。在孕吐剧烈的孕早期食用，还能够提高孕妈妈的食欲。

🧀 芝士热量高，做饭时可减少芝士的量。

🐄 牛肉高蛋白，低脂肪，每周可食用1~2次。

🌼 秋季天气干燥，是吃银耳的好季节。

芝士炖饭

`钙` `维生素C` `碳水化合物`

原料: 米饭1碗，番茄1个，芝士2片，盐、橄榄油各适量。

做法: ①芝士切碎；番茄洗净切块，用橄榄油拌匀，放入160℃的烤箱内烘烤30分钟。②米饭中放入芝士碎、番茄块，再调入盐，入锅蒸至芝士完全熔化后，加入适量橄榄油，拌匀即可。

炒三脆

`膳食纤维` `维生素C` `胡萝卜素`

原料: 银耳30克，胡萝卜、西蓝花各100克，水淀粉、盐、姜片、香油、植物油各适量。

做法: ①银耳泡发，择成小朵；胡萝卜洗净切丁；西蓝花洗净，掰成小朵。②锅内加水烧开，焯熟西蓝花、胡萝卜。③油锅烧热，爆香姜片，放入银耳、西蓝花、胡萝卜翻炒片刻，调入水淀粉和盐，炒匀后淋入香油即可。

香芒牛柳

`蛋白质` `维生素C` `胡萝卜素`

原料: 牛里脊200克，芒果2个，青甜椒、红甜椒各20克，鸡蛋清1个，盐、白糖、酱油、料酒、干淀粉、植物油各适量。

做法: ①牛里脊切成条，加鸡蛋清、盐、料酒、酱油、干淀粉腌制10分钟；青甜椒、红甜椒洗净，去籽切条；芒果去皮，取果肉切粗条。②油锅烧热，下牛肉条，快速拨开，加入青甜椒条、红甜椒条翻炒。③出锅前放入芒果条、白糖，拌炒一下即可。

这么吃有好孕
牛肉中富含铁,多
食用有助于防治缺
铁性贫血。

这么吃有好孕
银耳富有天然植物性胶
质,经常食用可以润肤
祛斑。西蓝花含有丰富
维生素C,可增强抵抗力,
预防感冒。

这么吃有好孕
芝士炖饭有助于
改善食欲,能提供
备孕夫妻所需的
能量。

孕前1个月黄金配餐推荐

家庭餐桌1

增强体力

正如在备孕冲刺阶段需要增强体力一样，到后期接近预产期也要补充营养，为临产积聚能量。这两个阶段可以吃些制作精细、易于消化的菜肴。

🥦 快炒或者用沸水焯熟凉拌食用，可以最大程度保存菜花和西蓝花中的维生素。

🍼 偏瘦的备孕女性要在正餐中多补充优质蛋白质，如牛奶、鸡肉等。

双色菜花

叶酸 膳食纤维 维生素C

原料: 菜花200克, 西蓝花200克, 蒜蓉、盐、水淀粉、植物油各适量。

做法: ①将菜花洗净, 掰小朵; 西蓝花洗净, 掰小朵。②菜花与西蓝花在开水中焯一下。③油锅烧热, 加入菜花与西蓝花翻炒, 加蒜蓉、盐调味。④用水淀粉勾薄芡即可。

牛肉卤面

蛋白质 碳水化合物 铁

原料: 挂面100克, 牛肉50克, 胡萝卜半根, 红甜椒半个, 酱油、水淀粉、盐、香油、植物油各适量。

做法: ①将牛肉、胡萝卜、红甜椒洗净, 切成小丁。②挂面煮熟, 过凉水后盛入碗中。③油锅烧热, 放牛肉丁煸炒, 再放胡萝卜丁、红甜椒丁翻炒, 加入酱油、盐、水淀粉炒匀, 盛出浇在面条上, 最后淋香油。

美味鸡丝

脂肪 蛋白质 钙

原料: 鸡肉200克, 料酒、胡椒粉、番茄酱、盐、橄榄油各适量。

做法: ①鸡肉洗净, 切块, 放入加料酒的沸水锅中焯熟, 沥干, 撕成丝, 加入胡椒粉、番茄酱、橄榄油搅拌均匀。②锅烧热, 翻炒鸡丝, 加盐调味即可。

这么吃有好孕

西蓝花和菜花含有的膳食纤维能有效降低肠胃对葡萄糖的吸收，防止饭后血糖过高。

这么吃有好孕

鸡肉中的蛋白质容易被人体吸收，是脂肪、磷脂的重要来源，有增强体力、强壮身体的作用。

这么吃有好孕

牛肉卤面含有丰富的碳水化合物，可以提供足够的能量，而且可以产生较强的饱腹感。

127

家庭餐桌2
排毒调体质

孕前1个月膳食中增加绿叶蔬菜，不但可以补充叶酸，还可防治便秘，改善体质。另外女性患有高血压会影响受孕，而孕期出现妊娠高血压综合征会影响胎宝宝发育，此套餐对高血压有一定防治作用。

素食备孕女性可以每天吃50克豆腐，或者200毫升豆浆，或者25克豆腐干。

莴笋与口蘑搭配，营养丰富，能有效预防高血压。

白菜豆腐粥
维生素C 钙 蛋白质

原料: 大米100克，白菜叶50克，豆腐60克，葱丝、盐、植物油各适量。

做法: ①大米淘洗干净，倒入盛有适量水的锅中熬煮。②白菜叶洗净，切丝；豆腐洗净，切小块。③油锅烧热，炒香葱丝，放入白菜叶、豆腐块同炒片刻。④将白菜叶、豆腐块倒入粥锅中，加适量盐继续熬煮至粥熟。

猪肉焖扁豆
蛋白质 膳食纤维 维生素C

原料: 猪瘦肉200克，扁豆250克，葱花、姜末、胡萝卜片、盐、高汤、植物油各适量。

做法: ①猪瘦肉洗净，切薄片；扁豆择洗干净，切成段。②油锅烧热，用葱花、姜末炝锅，放猪肉片炒散后，将扁豆、胡萝卜片放入翻炒。③加盐、高汤，转中火焖至扁豆熟透即可。

莴笋炒口蘑
膳食纤维 蛋白质 维生素D 叶酸

原料: 莴笋200克，胡萝卜半根，口蘑200克，盐、植物油各适量。

做法: ①莴笋去皮，洗净，切条；胡萝卜洗净，去皮，切条；口蘑洗净，切片。②油锅烧热，放入莴笋条、胡萝卜条煸炒，再放入口蘑片，快速煸炒，放入盐调味。③加适量水，焖煮至食材全熟即可。

这么吃有好孕

口蘑含优质植物蛋白
及膳食纤维、维生素D，
属于高营养低热量食
材，经常食用，可提高
抵抗力，防便秘。

这么吃有好孕

大豆及其制品中蛋
白质含量较高，而
且是一种能与肉类
相媲美的优质植物
蛋白。

这么吃有好孕

此道菜富含蛋白质和
多种氨基酸，还含有丰
富的维生素C和铁，经
常食用，能健脾养胃，
增进食欲，预防缺铁性
贫血。

129

家庭餐桌3
铁强化食谱

贫血不仅影响备孕，还会影响到胎宝宝的生长发育，所以备孕和怀孕期间，都需要补铁，此套餐包含富含铁的食物，备孕和怀孕女性可以适当多吃。

- 茄子皮含有丰富的维生素P，最好保留。
- 鹌鹑蛋所含卵磷脂和脑磷脂，比鸡蛋高出3~4倍，是一种天然补品，可与鸡蛋交替食用。

煎茄子饼

维生素P 碳水化合物 维生素C 钾

原料: 茄子200克，面粉、盐、植物油各适量。

做法: ①茄子洗净，切细丝，撒盐腌制1分钟。②将面粉与茄子丝混合，加适量水，加盐搅匀。③油锅烧热，把面糊倒入锅中，摊成圆形，煎至两面金黄即可。

西蓝花鹌鹑蛋汤

维生素C 卵磷脂 铁

原料: 西蓝花100克，鹌鹑蛋4个，番茄1个，香菇5朵，盐适量。

做法: ①西蓝花洗净，掰小朵；鹌鹑蛋煮熟剥壳；香菇洗净，切十字刀；番茄洗净，切块。②将香菇、鹌鹑蛋、西蓝花、番茄块放入锅中加水，同煮至熟，加盐调味。

芹菜牛肉丝

膳食纤维 蛋白质 铁 钾

原料: 牛肉150克，芹菜100克，水淀粉、白糖、盐、姜末、葱花、植物油各适量。

做法: ①牛肉洗净，切丝，加盐、水淀粉腌制1小时左右；芹菜择叶，去根，洗净，切段。②油锅烧热，下姜末、葱花煸香，加入腌制好的牛肉丝和芹菜段翻炒。③出锅时放入适量白糖和盐调味即可。

这么吃有好孕

鹌鹑蛋中的铁含量较丰富，西蓝花中的维生素C有助于铁的吸收，对缺铁性贫血有很好的改善作用。

这么吃有好孕

芹菜含膳食纤维；牛肉高蛋白、低脂肪，富含钙、锌，两者搭配，非常适合备孕夫妻食用。

这么吃有好孕

可以适当增加点青甜椒，青甜椒中的维生素C可以增加茄子中维生素P的吸收率，同时还有更好的美白、抗压作用。

家庭餐桌4
强卵壮肾

肥胖也是备孕路上的拦路虎，此套餐营养丰富热量低，适量偏胖的备孕夫妻食用。怀孕期间，如果体重增长过快也可以尝试此套餐。

- 根据季节，蛋饼中可加圆白菜、西葫芦等。
- 备孕女性不宜吃生的三文鱼。
- 茭白含有较多的草酸，烹调前最好用沸水焯烫，以去除大部分草酸。

时蔬蛋饼

蛋白质 维生素C 胡萝卜素 叶酸

原料: 鸡蛋2个，胡萝卜、四季豆各50克，香菇、盐、植物油各适量。

做法: ①四季豆择洗干净，入沸水焯熟，沥干剁碎；胡萝卜洗净去皮，剁碎；香菇洗净，剁碎。②鸡蛋打入碗中，加入胡萝卜碎、香菇碎、四季豆碎、盐，打匀。③油锅烧热，倒入蛋液，煎熟后卷起，切成小段即可。

鱼香茭白

膳食纤维 维生素B

原料: 茭白4根，料酒、醋、水淀粉、酱油、姜丝、葱花、植物油各适量。

做法: ①茭白去外皮，洗净，切滚刀块；料酒、醋、水淀粉、酱油、姜丝、葱花调和成芡汁。②油锅烧热，下茭白块炸至表面微微焦黄，捞出沥油。③油锅留少量油，下炸好的茭白、芡汁翻炒均匀，收汁即可。

香煎三文鱼

蛋白质 DHA 硒

原料: 三文鱼350克，葱花、姜末、盐、植物油各适量。

做法: ①三文鱼处理干净，用葱花、姜末、盐腌制。②平底锅烧热，倒入植物油，放入腌入味的三文鱼，两面煎熟即可。

这么吃有好孕

茭白热量低、水分多，偏胖或患有糖尿病的备孕夫妻可直接切丝炒食，避免摄入过多的油脂。

这么吃有好孕

时蔬蛋饼营养均衡、热量低且饱腹感强，偏胖的备孕夫妻可作为早餐食用。

这么吃有好孕

三文鱼富含不饱和脂肪酸，能有效降低血脂和血清胆固醇。

家庭餐桌5

补养气血

备孕时调养身体很重要，而产后新妈妈也需要适当进补。此套餐包含补气养血的温和食材，孕前和产后身体虚弱的女性可以用来调理身体。

📦 偏胖的备孕女性可以将豆腐切小丁，用水焯过，加香油、香菜等调料凉拌食用。

🐓 鸡肉是肉类中热量较低的一种，也可以将鸡肉与青椒同炒，营养互补。

南瓜红枣粥

胡萝卜素 碳水化合物

原料： 大米100克，南瓜50克，红枣4颗。

做法： ①南瓜去皮去子，洗净，切丁；红枣洗干净；大米淘洗干净。②锅中放入大米、南瓜丁、红枣，加适量水煮熟即可。

香菇炖鸡

蛋白质 磷 铁 硒 维生素A

原料： 干香菇30克，鸡1只，盐、葱段、姜片、料酒各适量。

做法： ①干香菇用温水泡开；鸡去内脏洗净，放入沸水中焯烫。②锅内倒入清水和鸡，用大火烧开，撇去浮沫，加入料酒、盐、葱段、姜片、香菇，用中火炖至鸡肉熟烂即可。

蒜香烧豆腐

钙 蛋白质 硒

原料： 猪肉末50克，南豆腐200克，蒜末、葱花、高汤、生抽、水淀粉、盐、植物油各适量。

做法： ①南豆腐切片，入盐水锅中焯烫1分钟，捞出备用；盐、生抽、水淀粉调成芡汁。②锅中放油，中火翻炒猪肉末至变色，放入葱花翻炒至出香，放入南豆腐片，小心翻炒。③加入高汤，大火煮沸后改小火炖煮5分钟，倒入芡汁翻炒均匀，撒上蒜末翻炒出蒜香味即可。

这么吃有好孕
鸡肉富含动物蛋白质，与香菇中的膳食纤维共同作用，可改善便秘症状，香菇还可以解油腻。

这么吃有好孕
豆腐中缺少一种必需氨基酸——蛋氨酸，搭配其他食物同煮，如鱼、蛋、肉等，可提高豆腐中蛋白质的利用率。

这么吃有好孕
此粥含有碳水化合物和多种维生素，不仅容易消化，还可养胃补虚。

家庭餐桌6

营养储备

备孕和怀孕应针对个体差异进行不同饮食调理。在孕早期，很多孕妈妈常因妊娠反应而没有胃口进食，营养跟不上，此套餐有助于提高食欲，提前补充营养。

🍕 早餐做份吐司小比萨，再搭配点水果，营养摄入更全面。

🥄 培根+莴笋，营养互补，能够改善食欲，但要控制培根的食用量。

奶香娃娃菜

膳食纤维 叶酸 钙 蛋白质

原料:娃娃菜1棵，牛奶100毫升，高汤、干淀粉、植物油、盐各适量。

做法:①娃娃菜洗净，切小段；牛奶中倒入干淀粉，搅匀。②油锅烧热，倒入娃娃菜翻炒，再加些高汤，烧至七八成熟。③倒入调好的牛奶汁，加盐，再烧开即可。

培根莴笋卷

蛋白质 维生素C 钾 叶酸

原料:莴笋200克，培根200克，盐、料酒、酱油、白糖各适量。

做法:①莴笋去皮后洗净，切条，放入盐水中焯熟。②培根用料酒、酱油、白糖腌制片刻。③用培根将莴笋条卷起来，用牙签串起，放入180℃的烤箱中烤熟即可。

吐司小比萨

维生素C 钙 碳水化合物 膳食纤维

原料:全麦吐司1片，小番茄3个，西蓝花1/4棵，芝士15克，比萨酱适量。

做法:①小番茄洗净，对半切开；西蓝花洗净，掰成小朵。②全麦吐司一面均匀刷上比萨酱，撒上芝士，铺上小番茄、西蓝花，再撒上少许芝士。③烤箱预热至200℃，放入吐司小比萨，烤8~10分钟至吐司表面金黄、芝士熔化后取出即可。

这么吃有好孕

娃娃菜中含有大量叶酸，备孕期间和怀孕初期，都可以作为日常菜肴食用。

这么吃有好孕

全麦吐司含丰富的膳食纤维，可让人较快产生饱腹感，间接减少其他食物的摄取量，而且易于消化。

这么吃有好孕

莴笋中钾含量大大高于钠含量，有利于维持体内的水和电解质平衡，有高血压的备孕女性可以常吃。

137

附录 我真的怀孕了吗

早孕试纸也许你看不懂

对过来做早孕测试的女孩子，我常常习惯性地问一句："你在家里自己测过没？""测过，可是第二条线很淡，我不能确定，所以想到医院再检查一次，看到底有没有怀上。"像这样的情况常常会遇到，所以，我觉得有必要说一下早孕试纸的情况。

什么时间测早孕最好

HCG（人绒毛膜促性腺激素）一般在受精卵着床几天后才会出现在尿液中，而且要达到一定量才能被检出。因此，对于平时月经正常的女性来说，需在月经推迟后才可能在尿中检测出HCG，不过月经周期长或排卵异常的女性需在停经40~44天的时候才可能检测出HCG。

早晨和晚间做试验可能对结果有一定影响。早晨的尿液中一般有最高的HCG值，所以许多说明书中都建议晨起的时候检测，但这也不是绝对的。

看图读懂早孕试纸

从下图我们可以看出，如果我们使用早孕试纸，可能会出现的3种情况，大家基本可以"对图入座"：

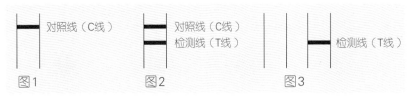

图1是阴性，测试区中出现1条紫红色线（对照线C线），表明未怀孕。

图2是阳性：测试区中出现2条紫红色线（对照线C线和检测线T线），表明怀孕。不同怀孕阶段的检测线显色强度随HCG浓度的改变而改变。

图3是无效测试：测试区无紫红色线出现或仅测试区出现1条紫红色线（检测线T线），表明检测失败或试纸无效，应重新测试。

早孕试纸为什么会呈现弱阳

如果早孕试纸测到弱阳（就是T线颜色很淡），暂时先不要急着高兴，这有可能是假阳性。我们都知道未孕的情况下女性体内的HCG值几乎是可以忽略不计的，但是在一些情况下，可能会使得这个数值升高。比如曾使用过HCG排卵，在黄体期进行激素治疗时注射过HCG针剂，有溶血或高脂血症等。

当然还有一种情况是因为怀孕初期每个人产生的HCG水平不一样，有高有低，差别很大。所以为了得到准确结果，我们可以隔2天再测1次，或者直接去医院做进一步的检查。

同房后18天测怀孕比较准确

备孕女性都知道，等待"好孕"的心情是十分迫切的，恨不得今天同房，明天就测出阳性。这种心情可以理解，但做法绝对不赞同。备孕女性千万不要着急，想要测出"好孕"可以等到月经迟到之后，或在同房后第18天测是比较准确的。

同房后多少天能测出怀孕

其实这个问题很难回答，因为每个人的情况不太一样。就好比前文说的，每个人的HCG值不同，在试纸上的反应也不同。不过根据我的临床经验，一般同房后15天就能测出，但是18天时测最准确。

同房后18天测能排除假阳性

有的女性特别期待怀孕，而她的排卵如果不好的话，我们会给她打1万个单位HCG促排卵。这时候同房后就不能急着用早孕试纸检测怀孕。因为早孕试纸测的也是HCG值，打完HCG促排卵针后1个星期内，体内的HCG并没有完全消解掉，还有残存的HCG，一测准会呈弱阳性，这时测到的很有可能是打到体内的HCG。因此才提倡18天时再检测，不仅因为准确性，还能排除注射的HCG的干扰。

提防生化妊娠

同房后18天检测排卵，这里还涉及一个生化妊娠的问题。月经周期常规是28天，14天以后排卵，排卵后7天左右着床。以前是月经来了，就表示没有怀孕，月经没来就表示怀孕了。现在看怀没怀孕，要往前推，因为现在生化妊娠占了很高的比例。

所谓生化妊娠，是指发生在妊娠5周内的早期流产，血液中可以检测到HCG升高，妊娠检测为阳性，但超声检查看不到孕囊，提示受精卵着床失败，又被称为"亚临床流产"。

生化妊娠之后的表现就是月经推迟了，有的人就认为只是月经迟了几天，没有去抽血化验，其实不知道自己是生化妊娠了。事实上，50%~60%的第1次怀孕都是以流产告终的，其中绝大多数是生化妊娠。

临床统计显示，有25%的女性在自己根本不知道的情况下发生了生化妊娠。做试管婴儿的话，发生生化妊娠的比例是12%~30%，所以说生化妊娠的比例是很高的。

一般来说，同房大约14天后去抽血，有可能会发现HCG的值是50或60，但过几天月经又来了，这个就是生化妊娠了。

赶走先兆流产，别让宝宝来了又走

船在大海航行时会遇到礁石，女性怀孕也会遇到"礁石"，先兆流产就是"礁石"之一。我在门诊上常遇到这样的情况，很多人都不理解，为什么好好的，会突然阴道出血呢？出现先兆流产，我们首先要做的是排除不利因素，再尽力保胎，不要让天使来了又走。

阴道出血是先兆流产的最直接症状

在孕早期，如果发现内裤上有血色或褐色分泌物，通常会有三种原因：第一种是阴道出血，医生只要进行阴道检查就能确诊；第二种是肛门出血，可能便秘或痔疮而导致排便后出血；第三种是尿道出血，可能是由尿路感染或结石而引起的出血。当然还有其他少见的情况。

孕早期阴道出血常与胚胎自然淘汰有关。所以医生会告诉你"这是先兆流产"。听到医生这样说，你一定很紧张，因为你只听到了"流产"二字，"先兆"你没有听进去。

从本页右下方的"一般流产的发展过程图"可以看出，有一部分的先兆流产能继续妊娠。所以，你要积极地配合医生，尽快找到阴道出血的原因。

阴道出血伴腹部痉挛或腹痛可能是宫外孕

一旦发现阴道有鲜红的血液流出，还伴有腹部痉挛或腹痛，就有可能是宫外孕。此时应该立即去医院，做B超检查到底是不是宫外孕。

医生怎么诊疗孕早期阴道出血

孕早期阴道出血，可能是先兆流产的表现，也可能是胚胎停育或宫外孕的表现。一旦你发现自己内裤上有血色或褐色分泌物，要第一时间去医院。医生会进行阴道检查，确认出血是否来自子宫，然后进行B超检查明确是否为宫内孕。如果确认为宫内孕，检查了胚胎的生长情况，并且排除了因胚胎发育异常导致的出血，医生会给你检查黄体酮水平。很多人一查就查出来黄体酮水平低，需要补充黄体酮，可以注射黄体酮针剂，也可以服用补黄体酮的药物。但是我不主张一有出血，还没有明确出血原因，就使用黄体酮盲目保胎。

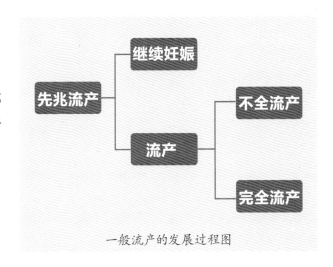

一般流产的发展过程图

对付孕吐：吐了也要坚持吃

我曾经遇到一个女孩子，她是怀第一胎，已经3个多月了，怀孕前就比较挑食，能吃下的东西不多。自从怀孕后，她挑食更严重，原本能吃下去的现在也最多吃一口，吃下的东西基本全吐出来，每天都恨不得什么都不吃，体重急剧下降。

孕吐是最常见的早孕反应

约有半数以上女性在停经6周前后开始出现头晕、疲乏、嗜睡、食欲缺乏、偏食、厌恶油腻、晨起呕吐等早孕反应。

少数孕妈妈早孕反应严重，频繁恶心、呕吐，不能进食，以致发生体液失衡及新陈代谢障碍，甚至危及孕妈妈生命，称为妊娠剧吐。早孕反应症状的严重程度和持续时间因人而异，多数人在孕12周左右自行消失。有的人早孕反应时间较长，直到16~18周才消失，更甚者会持续至妊娠晚期。

孕吐是胎宝宝自我保护的本能

孕吐是腹中胎宝宝自我保护的一种本能。人们日常进食的各种食物中常含有微量毒素，但对健康并不构成威胁。可孕妈妈不同，腹中弱小的生命不能容忍母体对这些毒素的无动于衷，这些毒素一旦进入胚胎，就会影响胎宝宝的正常生长发育，所以胎宝宝就分泌大量激素，增强孕妈妈孕期嗅觉和呕吐中枢的敏感性，以便最大限度地将毒素拒之门外，确保胎宝宝的生长发育。

不用担心胎宝宝营养不足

虽然孕吐暂时影响了营养的均衡吸收，但在孕早期，胎宝宝的营养需求相对孕中、晚期较少，而且会从孕妈妈的血液里直接获得。因此孕妈妈不用担心孕吐会影响胎宝宝的营养供给。解决孕吐最好的办法是能吃多少吃多少，想吃什么吃什么，适当调整饮食。

进行饮食调整

营养学家主张孕妈妈的饮食应以"喜纳适口"为原则，尽量满足其饮食的嗜好。但应忌食油腻和不易消化的食物，多喝水，多吃水果、蔬菜。少食多餐，每隔2~3小时进食一次，食物品种应多样化。

缓解孕吐的小妙招

床边常备小零食。在床边柜子上放一杯水、一包饼干，临睡前吃一点饼干，或喝杯温牛奶，可缓解第二天起床时因空腹产生的恶心。清晨最好先吃点东西再下床，以免因体内血糖较低而引发恶心、呕吐。

柠檬缓解孕吐。在杯子中加入几片柠檬，泡水喝，相当开胃。另外，外出时，也可以在包里放一只鲜柠檬，恶心时拿出来闻嗅，能起到舒缓恶心感的作用。而且，时常闻一下柠檬的清香，也有提神醒脑的作用。

巧用生姜。切两片硬币大小的生姜，然后用开水浸泡5~10分钟。去掉姜片，加入红糖或蜂蜜饮用，可以有效缓解孕吐。孕吐严重时，可将一片鲜姜含于口中，或者在喝的水中加一些鲜姜汁，都可以起到缓解效果。

意外怀孕，要还是不要

生命是上帝赐予的礼物，我们不能随意舍弃自己的生命，也不能随意放弃意外到来的小生命。意外怀孕了，这也是缘分的赐予，如果没有特殊情况，我建议还是要全心全意地接受，不要因为一些原因随意放弃。

不要因为服药而轻易放弃宝宝

常有突然怀孕的夫妻很焦急地问我："我大概就是怀上那段时间吃了感冒药，宝宝能要吗？对胎宝宝会不会有影响啊？"其实孕期用药是分级的，有A、B、C、D、X五个等级，像X等级可能会致畸，那么我们就要采取终止妊娠的措施，但是绝大多数的药影响是不大的。如果因为吃了或者用了什么药，没有把握，你可以把这个药告诉医生，然后让医生去判断。

药物对胎宝宝可能产生的不良反应，在胎宝宝发育的不同阶段也是不一样的。

受精后1周内，受精卵尚未在子宫内膜着床，一般不受孕妈妈用药的影响。

受精后第2周内，药物可能会导致流产，但并不致畸，也就是说，要不就是致命的——不能着床或自然流产，要不就是没有影响。

受精后3~8周，这一时期是胚胎器官发育的重要阶段。胎宝宝各器官都在这一阶段充分发育，最易受药物和外界环境的影响而产生形态上的异常，称为"致畸高度敏感期"。这个时候用药必须谨慎，安全性大的药物也要尽量选择小剂量，安全性小、有致畸不良反应的药物一定不能用。

照了X线后发现怀孕怎么办

有很多人，在不知道自己怀孕的情况下照了X线，就会特别担心对胎宝宝有影响。其实放射线的影响主要取决于接受的剂量和时间。当剂量小于0.05GY时，未发现有致畸的证据；当剂量大于0.1GY时，致畸的可能性比较高；当剂量大于0.25GY时则会导致小头、弱智及中枢神经系统畸形；当剂量大于1.0GY时，则可导致放射病及发育迟缓；当剂量达到4.5GY时，接受者中50%胎儿死亡，存活者可能发生恶性肿瘤。但是，如果照射时间在排卵2周以内，一般不会有问题的。

当然，怀孕期间要做好各项检查，及时关注胎宝宝的发育情况。

或许该让胎宝宝自己做选择

妊娠期如果用了药或者有其他情况，胚胎本身会做出正确的选择。就像上文说的，在胎龄1周内用药，要么受精卵不着床，要么就是不受影响，继续生长发育。

所以说意外怀孕时，各位孕妈妈一定要让胚胎有个选择的余地，就像大浪淘沙，脆弱的胚胎会被淘汰出局，而生命力强的胚胎会顽强地生存下来，发展成为优良的"种子"。不要不分青红皂白就终止妊娠，这对胚胎而言，对生命而言，是极不公平的。

孕期注意事项

怀孕了，家里其乐融融的，都在等待小宝宝的到来。但是，不能光顾着高兴，在怀孕过程中需要注意的问题有很多。

孕早期避免性生活

在孕早期必须避免性生活，准爸孕妈们一定要克制自己，一切以宝宝为重。

性生活的刺激可使子宫和盆腔内的器官充血，反射性地引起子宫收缩，容易导致受精卵或胚胎从着床部位剥离，而造成流产。

妊娠的前3个月是流产的高危时期，因此不宜进行性生活。

保证充分的睡眠

适当的休息和睡眠，对孕妈妈来说非常重要，每天睡眠不少于8小时，如果能有午休，那是最好的。

但是睡眠时也要注意姿势：在孕早期，建议在膝关节和脚下各垫一个枕头，这可使全身肌肉得到放松；孕中期以后，侧卧位较为适宜，最好是左侧位，因为子宫是右旋的。而对于只有仰卧才能入眠的人，可在后背塌陷处垫一个小枕头，这样能使腹部放松。

适当做家务和运动

怀孕了，平时要做的家务劳动仍然是可以做的，不过要注意，不能搬或扛太重的东西，不要取高处的东西，千万不能让下腹部和腰部连续受力。

对孕妈妈来说，适当的运动不光对自己的身体有益，还对胎宝宝的发育有好处。平时孕妈妈可以散散步、做做孕妇操等，这些运动都能促进血液循环和睡眠。但是像登山、跑步等剧烈的运动不适合孕期，严重时可能会导致流产，孕妈妈一定要谨慎。

远离病源，控制外出

孕妈妈一生病就会使自己处于两难境地：不治疗吧，病情可能会加重；治疗吧，担心会影响到胎宝宝。万一感染了病毒性疾病，比如腮腺炎之类，那就更危险了。

但是要做到整个孕期不生病却也不是一件容易的事，我们不能保证不生病，但是我们可以做到的是预防生病，远离病源。要做到这一点，孕妈妈在怀孕期间尽量不要去人多的公共场合，比如去大型商场逛街。也不要常在外面用餐，尽量少去医院。

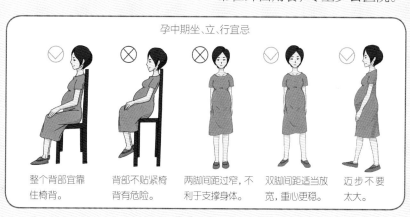

孕中期坐、立、行宜忌

整个背部宜靠住椅背。

背部不贴紧椅背有危险。

两脚间距过窄，不利于支撑身体。

双脚间距适当放宽，重心更稳。

迈步不要太大。

第1次产检

产检对孕妈妈和胎宝宝至关重要。孕妈妈提前了解整个孕期需要进行的产检项目，可以更好地应对将来的孕期生活。为了小生命的健康成长，孕妈妈应该早早做好准备，定期去医院做好产检，及早发现问题并对症治疗。

确定怀孕2个月左右做第1次产检

产前检查又称围产保健，能帮助孕妈妈及时了解身体情况及胎宝宝的生长发育情况，保障孕妈妈和胎宝宝的健康与安全。第1次正式产检时间应在确定怀孕2个月左右。

第1次产检医生会问什么

第1次医生通常会问这些问题：

- 孕妈妈以及准爸爸有无家族性遗传病史。
- 孕妈妈的生活情况，如饮食、睡眠、运动、吸烟、被动吸烟、饮酒、用药等。
- 准爸爸的健康情况，有无吸烟、饮酒的习惯，以及有无疾病史、用药史等。

第1次产检会做的项目

□确认是否真的怀孕
□过去用药的历史及产科就诊的一般记录、个人家族疾病史
□一般体检
□血液检查：血红素（血红蛋白）、血细胞比容（血细胞占全血容积的百分比）、血型、风疹、乙肝（其他如艾滋病、性病则为选择性检查项目）、甲状腺功能检查
□子宫颈抹片检查
□阴道疾病检查
□遗传性疾病的血液检查
□验尿（检查尿糖、尿蛋白、有无感染等）
□体重及血压检查
□营养摄取及日常生活注意事项咨询
□可与医生讨论孕后心情的变化和自己关心的问题
（以上项目可作为孕妈妈产检参考，具体产检项目以医院及医生提供的建议为准）

产检不一定非要挂专家号

现在很多孕妈妈都过度依赖专家，一定要挂专家号，结果排了一上午的队，等专家给开完单子就到中午了，要是需要空腹做B超或抽血，中午还得继续饿着。

其实，如果孕妈妈平时身体很好，孕育宝宝也没有特殊的不适，就不必在产检时一定要挂专家号，普通号就完全可以，还能减少排队和候诊时间。

一般情况下，妇产科医院、妇幼医院、产科专科医院都是可以做产检的。孕妈妈可以根据自己的居住地，合理选择产检医院，不可一味相信专家。产检前尽量排除紧张情绪，"在行动上谨慎，在心理上轻松"应当是孕妈妈和准爸爸在孕期应有的状态。孕妈准爸要充分听取医生的意见，给医生充分的信任。相信这种情景下，医生的建议和意见才能在孕期发挥最大的作用。

建卡

到医院做第1次产检时，医生会为孕妈妈建卡，这是孕妈妈的孕期体检档案。之后，医生将在上面记录孕妈妈所有相关的产检内容，其目的主要是检查孕妈妈的身体状况和胎宝宝是否健康成长。

12周内建"小卡"

各地医院建卡的规定不同，孕妈妈可到当地社区、医院详细咨询。通常情况，孕妈妈在第12周内要建好"小卡"（即《孕产妇健康手册》）。首先，孕妈妈在居住的街道居委会或计生办，办理《人口生育联系卡》。再去所属医院领"小卡"。如果是外地户口的孕妈妈，还要去户口所在地办准生证和流动人口婚育证明。

第16周建"大卡"

在16周左右，孕妈妈可去选定的医院建"大卡"。建"大卡"要准备夫妻双方身份证、《孕产妇健康手册》（"小卡"）。具体事项根据所在地不同有所差别，建议在建"大卡"前做好咨询工作。"大卡"是医院对孕妈妈进行产检的记录册，卡上的信息比较全面。

生育保险报销

缴纳生育保险的孕妈妈，生育时的检查费、接生费、手术费、住院费和药费由生育保险基金支付。超出规定的医疗服务费和药费（含自费药品和营养药品的药费）由孕妈妈个人负担。孕妈妈生育出院后，因生育引起的疾病医疗费，由生育保险基金支付；其他疾病的医疗费，按照医疗保险待遇的规定办理。

孕妈妈产假期满后，因病需要休息治疗的，按照有关病假待遇和医疗保险待遇规定办理。生育保险需连续买满12个月，宝宝出生的18个月之内报销。生育保险属于典型的地方政策，各地规定都不一样，有10个月，也有6个月，甚至更低的，因此应以当地社保中心规定为准。

怎么选择建卡医院

● 离家近点。毕竟最后要生的时候，都在家休假了，需要尽快从家赶到医院，一般不会从工作单位去医院。离家近也方便每次产检和家人陪护。

● 就医环境。和综合医院相比，专科医院就医人员相对单一，交叉感染的概率要小一点。

● 产后病房条件。可通过相关网站查看，或者向身边熟悉情况的人询问医院环境、硬件设备、医护服务等。是否能够有家属陪护？申请单间病房是否容易？最好有家属能够陪住的地方。

● 孕妈妈本身有疾病。如高血压、糖尿病、肾病等，最好选择综合医院，这样如果需要多科会诊会很方便。

图书在版编目（CIP）数据

成功备孕营养食谱 / 王凌编著 . -- 南京：江苏凤凰科学技术出版社，2018.1
（汉竹•亲亲乐读系列）
ISBN 978-7-5537-6822-9

Ⅰ.①成… Ⅱ.①王… Ⅲ.①优生优育－食谱 Ⅳ.① TS972.164

中国版本图书馆 CIP 数据核字 (2017) 第 235454 号

凤凰汉竹

中国健康生活图书实力品牌

成功备孕营养食谱

编　　　著	王　凌	
主　　　编	汉　竹	
责 任 编 辑	刘玉锋　　张晓凤	
特 邀 编 辑	陈　岑　　许冬雪	
责 任 校 对	郝慧华	
责 任 监 制	曹叶平　　方　晨	

出 版 发 行	江苏凤凰科学技术出版社
出版社地址	南京市湖南路 1 号 A 楼，邮编：210009
出版社网址	http://www.pspress.cn
印　　　刷	南京新世纪联盟印务有限公司

开　　　本	715 mm×868 mm　　1/12
印　　　张	13
字　　　数	70 000
版　　　次	2018 年 1 月第 1 版
印　　　次	2018 年 1 月第 1 次印刷

标 准 书 号	ISBN 978-7-5537-6822-9
定　　　价	39.80 元